로봇 UX

본 과제(결과물)는 교육부과 한국연구재단의 재원으로 지원을 받아
수행된 디지털 신기술 인재양성 혁신공유대학사업의 연구결과입니다.

Following are results of a study on the "Convergence and Open Sharing System" Project,
supported by the Ministry of Education and National Research Foundation of Korea

소셜 로봇 디자인 이야기

로봇 UX

칼라 다이애나 지음 · **이재환** 옮김

유엑스리뷰

추천의 말

● 로봇을 공학이라고 보는 많은 시선이 존재한다. 하지만 로봇은 인간 곁에서 인간의 삶에 직접적으로 기여하는 존재이기에, 인간을 위한 UX 디자인이 적용될 때 그 가치가 극대화된다. 로봇의 미래를 보고 싶다면 이 책을 통해 로봇 UX 디자인에 한발 들여놓기를 추천한다.

한재권
한양대학교 로봇공학과 교수, 《로봇 친구, 앨리스》 저자

● 《로봇 UX》는 로봇을 인간 친화적으로 만드는 데 초점을 맞추고 있다. 이는 로봇의 기술 향상 경쟁보다 사용자를 위해 작동하도록 하는 인지적·감성적 측면의 연구가 중요하다는 것을 시사한다. 저자의 표현처럼 우리는 '어떻게'가 '무엇'의 측면보다 더 중요한 전환점에 와 있다. 이러한 흐름에 부합하여 이 책은 실무자들이 의미 있고, 직관적이며, 유쾌한 인터랙션 기반 로봇을 디자인하는 데 적용할 수 있는 프레임워크를 다양한 사례와 전문가 인터뷰를 통해 상세히 설명한다.

이철배
LG전자 부사장/CX센터장

● 1950년 SF 소설의 거장 아이작 아시모프는 '로봇의 3원칙'을 이야
기했다. 70년 뒤 UX 디자이너들이 구체적으로 고민해야 할 지점들
을 예견이라도 한 것일까? 전자제품과 로봇의 경계가 모호해지고,
사용자의 맥락과 감정을 읽어 대응하며, 자연어 처리와 음성인식
기술이 활용되면서 '너무나도 친절한', 그래서 가끔은 '이건 뭐지?'
싶은 기기의 등장에 우리는 당황하기도 한다. 저자는 이 책을 통해
로봇을 사물이나 기기가 아닌 파트너 또는 동반자라는 개념으로
재정의해야 한다는 중요한 화두를 던진다. 기존 기능의 효과적 활
용을 위한 인터페이스를 넘어서, 사회적 교감을 통해 구성되는 상
호작용 인터페이스는 다양한 분야의 UX 디자이너들에게 통합적인
과제를 주고 있다. 이 책은 현업에서 로봇 인터페이스를 구현하고
있는 나와 우리 멤버들에게 깊은 통찰을 주었다. '교감'에 대해 인
문적으로 접근하며 다양하고 구체적인 사례들을 통하여 전통적인
UX 요소들의 개념을 재정의한다. 예리한 통찰력으로 다가올 로봇
시대의 UX에 대한 구체적인 고민과 접근법이 궁금한 이들이 반드
시 읽어야 할 책이다.

민영삼
더디엔에이 총괄 경험 디자이너

● 이 책은 쏟아지는 스마트 프로덕트와 인간의 공존에 관한 디자인
  적 관점의 예리한 통찰을 담고 있다.

존 마에다

전 MIT 미디어랩 교수, 에버브릿지Everbridge 최고 고객 경험 책임자

● 디자인에 대한 새롭고 사려 깊은 접근법으로 로봇과 공존하는 미
  래를 형성하는 데 있어 이 책은 유용한 예시와 높은 수준의 분석을
  제시한다. 이보다 더 정확한 미래지침서는 없다.

롭 워커

《The Art of Noticing》 저자

● 칼라 다이애나는 기술과 프로덕트 디자인의 세계에 항상 색다른
  관점을 제시해 왔고 이제야 세계가 그녀를 따라잡았다. 인간과 디
  지털 프로덕트가 가지는 관계에 대한 그녀의 독특한 통찰은 우리
  가 디자이너든 아니든 간에 아주 유의미한 시사점을 전달한다.

로버트 패브리칸트

달버그 디자인Dalberg Design 공동 창업자, 《유저 프렌들리》 공동 저자

역자 서문

비로소 사람다운 UX를 가진 새로운 개체의 디자인

포스트 PC, 포스트 모바일 시대에서의 가장 화두는 단연 '지능형 로봇'이다. 자동차라는 용어를 단순히 대체하거나, 인공지능의 도움을 받아 운행하는 모든 새로운 종류의 탈것을 포괄하기 위해 다양한 오토모빌을 '모빌리티mobility'라고 지칭하는 것 역시 이제 우리에겐 익숙한 일상이 되었다. 로봇이 애초에 '자동 기계'라는 개념에서 비롯된 것임을 상기해 본다면, 모빌리티는 자동차의 로봇화 현상을 설명한다고도 볼 수 있다. 웹이나 모바일 기기를 다루면서 우리가 가졌던 경험과는 근본적으로 다른 방식의 소통, 즉 새로운 상호작용을 가능하게 하는 대상이 등장한 것이다. 이 새로운 개체들은 단순한 매체로서의 역할을 넘어 인간의 '파트너, 혹은 동반자' 역할을 감당하는 존재로 부각되고 있다.

이 책의 저자 칼라 다이애나는 주로 디자인 융합 분야의 하나로 널리 인식되고 있는 '인터랙션'이라는 개념을 로보틱스 분야에서 향후 가장 중요한 논점으로 삼아야 한다고 주장하며, 매우 간결하고 단호한 어조로 '대상의 역동적인 실존성과 사회적 교감 능력을 배제한 UX는 그 자체로 절름발이다'라고 이야기한다.

로봇이 오늘 처음 나온 신상품은 결코 아니지만, 아직 가전제품처럼 많은 사람이 사용하는 친숙한 기기라고 볼 수도 없다. 이러한 로봇이 인공지능 기술의 발전에 힘입어 최근에 다시 주목받는 이유는 아마도 지금까지 물성物性이라고는 찾아볼 수 없었던 정보 교환의 매체가 살아 움직이기 시작했다는 점 때문일 것이다. 인간이라면 누구나 우리와 비슷한 속성을 가진 대상과 교감하기를 원하고, 그러한 대상을 좀 더 친숙하게 여기지 않는가? 어느덧 로봇은 로봇 고유의 움직임뿐만 아니라 사람의 오감에 근접하는 수용 능력, 사람의 움직임과 표정에 가까운 실행 능력을 두루 갖추게 됨으로써, 사람이 느끼는 감성 객체에서 스스로 느끼는 감성 주체로 탈바꿈하고 있으며, 더 나아가 사람과 유사한 삶을 추구하는 개체로서 빠르게 진화하게 되었다.

지능형 로봇 전문가인 저자의 로봇 개발 경험과 휴먼-로봇 인터랙션Human-Robot Interaction, HRI에 대한 공학자의 기초적이고 다소 일반적인 지식을 기술한 책일 것이라는 역자의 최초 인식과는 달리, 이 책은 HRI의 궁극으로서 소셜 인터랙션social interaction(사회적 상호작용), 다시 말해 사회적 지능을 갖춘 로봇이 차세대 지능형 로봇의 올바른 지향점이라는 주장을 담고 있었다. 이러한 관점을 기반으로 칼라 다이애나는 인간과 로봇 사이의 진화하는 관계, 그리고 기술이 기계와의 상호작용을 변화시키는 방법에 대한 포괄적이고 사려 깊은 탐구를 제공한다. 더불어 로봇공학의 역사와 현재 상태, 소셜 로봇을 디자인할 때 고려해야 할 사항, 휴먼-로봇 인터랙션의 윤리적 의미를 포함해 광범위한 주제를 다루고 있다.

인터랙션 디자이너의 관점에서, 이 책은 유의미하면서도 감정적으로 설득력 있는 방식으로 인간과의 신뢰 관계 구축이 가능한 로봇을 설계하는 독특한 도전과 기회에 대한 귀중한 통찰을 제공한다. 저자는 효과적이고 매력적인 로봇을 디자인하기 위해서는 그림과 문자 표시에 국한되어온 기존의 상호작용 매체에, 인간의 오감 전체를 통해 소통하는 실재감과 움직임, 실행력이 더해진 체현된

embodied 로봇 능력에 기반한 통합 설계가 필수적이라고 이야기한다. 또한 인간의 심리와 사회규범을 이해하는 것이 필요하다는 점을 강조하며, 신뢰, 공감 등 인간의 감정을 이끌어낼 수 있는 로봇 디자인의 윤리적 함의에 대해 중요한 의문을 제기하고 있다.

스마트 기기의 출현이 나날이 늘어가고 있는 오늘날, 사회성을 갖춘 인터랙션과 인텔리전스, 그리고 스마트 개체에 사회성을 불어넣어 주는 총체적인 UX 디자인이 로봇의 디자인을 넘어 보편적인 디자인 원리로서 새삼 중요하게 다뤄지고 있다. 스마트 개체가 가지는 '똑똑함' 내지는 '지능'의 궁극적인 지향점이 무엇인지를 재정의하는 이 책의 통찰을 통하자면, '사용자'라는 용어를 '반려자' 또는 '동반자'라고 바꿔 쓰는 것이 자연스럽게 느껴지기까지 한다.

인공지능 대신 인공 '경험'을 연구하는 산업디자이너
이재환

차례

1장   스마트함을 넘어서는 소셜 디자인

2장   소셜 디자인은 어떻게 작동하는가?

3장   제품이 가지는 실재감의 중요성

4장 커뮤니케이션으로 사물을 표현하라

5장   제품과 사람 사이의 인터랙션

6장   맥락을 디자인하라

7장   모든 것을 하나로 연결하는 에코시스템 디자인

8장   AI를 비롯한 다양한 수준의 지능

9장   미래는 지금 여기에 있다

1장

스마트함을 넘어서는
소셜 디자인

날씨를 알려주는 알렉사에게 고마운 마음이 들거나 당신의 자동차를 프레드나 셀레스트 따위의 애칭으로 부르는 것은 이제 이상한 일이 아니다. 심지어 우리는 로봇 진공청소기 룸바Roomba가 고장났을 때 바로 새것으로 바꾸지 않고 의리상 수리해서 쓰고자 하기도 한다.

12인치 크기의 둥근 모양을 띤 룸바 로봇 진공청소기는 얼굴이나 몸통, 팔다리처럼 생긴 정교한 장치가 전혀 붙어 있지 않다. 조지아 공과대학Georgia Tech의 연구에 의하면, 룸바를 처음 사용하는 이들은 룸바에게 이름을 지어주거나 말을 거는 등, 그것을 사회적 개체로 여긴다고 한다.[1] 나는 이런 행동의 많은 부분이 '로봇 같은' 진공청소기가 주는 신선함 혹은 신기함에서 비롯된 것이라고 생각했었다. 그러나 룸바 로봇 진공청소기가 2002년에 처음 나와서 이제는 주류 제품이 되었음에도 여전히 비슷한 감흥을 불러일으키는 걸 보면, 이러한 현상은 단순히 로봇에 대한 '새로움' 때문만은 아닌 것 같다. 최근 아마존닷컴에 올라온 사용 후기를 살펴보자.[2]

헤이즐, 너가 최고야!

그림 1-1 룸바 로봇 진공청소기

- **"바닥이 깨끗하니까 집에서 맨발로 다녀요!"** (스테파니, 2018년 8월 16일)

  청소기의 이름을 헤이즐로 지었어요. 우리 가족은 이 친구를 고용한 것을 전혀 후회하지 않아요. 비질을 언제 했었는지 기억도 나지 않는 우리 집 찬장 밑을 헤이즐이 청소하고 지나가니 아들이 '헤이즐, 먼지가 싹 사라졌잖아! 끝내준다!'라며 좋아하네요.

- **"시간을 절약해 주고, 알레르기 원인을 줄여 줌"** (애마이아, 2018년 12월 2일)

  참 괜찮은 녀석이네요. 우리는 월이라는 이름을 붙였는데, 그렇게 안 부를 수 없잖아요? 처음에는 녀석과 씨름을 좀 해야 했지만(적어도 저는 그랬어요), 서너 번째 쓸 때부터는 아파트 방 곳곳을 자기가 알아서 잘 돌아다니더라고요. 가끔 무언가에 걸리기도 하는데, 그때마다 혼자서 꿈틀거리며 잘도 피해 나가더군요.

- **"남편처럼 믿음이 간다"** (수잔, 2020년 4월 14일)

오히려 남편보다 더 신뢰가 가요. 이 친구를 켜 놓고 외출했다가 돌아오면 최소한 제가 하라고 했던 것은 예외 없이 다 해 놨더라고요.

이런 리뷰들은 비교적 최근에 작성된 것들이지만, 인간은 컴퓨터와 LED, 마이크로칩이 나오기 훨씬 이전부터 이미 제품과 사회적으로 상호작용해 왔다. 기능성 베개에 애정을 주거나 키홀더를 어루만지고, 세탁기에게 엄청난 칭찬을 퍼붓기도 하면서 말이다! 인간과 제품 사이의 사회적 연결은 스마트함, 즉 우리가 무엇을 하고 있는지 감지하고 적절하게 반응하는 제품의 능력이 더해질 때 증폭된다. 우리가 상호작용하는 대상이 사람이 아니라는 것을 알고 있음에도 불구하고 우리가 가진 사회적 규범, 심리적 반응, 그리고 인터랙션 패턴에 의해 이와 같은 행동들은 자연스럽게 일어난다. 이러한 경향은 더 많은 사람이 상호작용할수록 강해진다. 그리고 이때, 훌륭한 디자인이 상호작용의 성공에 주요한 역할을 한다. 사회적 교류가 잘 이루어질수록 제품과의 관계도 깊어지고 전반적인 경험 역시 더 좋아진다. 기술이 보다 정교해지고, 테니스 라켓에서부터 주사기에 이르는 모든 것에 축소된 마이크로세서가 내장되면서, 우리는 그것들이 마치 작은 로봇 개체인 것처럼 그들의 행동을 프로그래밍할 수 있게 되었다.

인간으로서 우리는 사회적일 수밖에 없다. 우리는 집단으로 함께 사는 것에서 이익을 얻고, 가치와 즐거움을 느끼도록 진화해 왔다. 코로나19 팬데믹으로 인해 확실하게 알게 된 것은 우리가 본능적으로 주변 사람들과의 상호작용을 추구한다는 것이다. 사회과학자 마이클 아가일Michael Argyle은 진화적인 이유로 사람들은 사회적 동물일 수밖에 없다고 주장했다. 집단적 구조가 우리가 살아가는 데 필요한 음식이나 집을 공급받는 데 도움을 준다는 것이다.[3] 이러한 의식은 우리가 사회적 신호에 익숙해지도록 만들고, 신호가 없을 때조차 그것을 인식하게 한다. 예를 들

18

어, 우리는 어떤 제품이 인간이나 동물 같은 모습이 아니어도 제품의 디자인에서 얼굴 형상을 유추해 내고, 감정과 의도를 부여한다.[4] 또한 우리는 고장난 제품을 '아프다' 또는 '파업 중이다'라고 표현하며, 종종 고객 서비스 센터에 전화를 걸어 자신의 기기가 '싫어지려고 한다'라거나 '말을 듣지 않는다'라고 불평한다.

물론 제품이 우리가 항상 갈망하는 인간적인 친근함을 대신할 수는 없다. 그러나 소셜 인터랙션을 항상 갈구하며 살아가는 인간은 알게 모르게 제품과의 상호작용을 사회적인 것으로 해석하려는 경향을 가진다. 모호하게 의사소통하는 것처럼 보이는 장치조차도 사회성에 기반한 반응을 불러일으키는 것이다.

스마트 제품이 그다지 똑똑하지 않은 이유

제품이 주변 환경에서 사물을 감지하고 우리의 생활공간과 업무공간을 돌아다니며 우리를 대신해 작업을 수행하기 시작하면, 인간-제품 사이의 사회적 상호작용의 중요성은 점점 더 커질 수밖에 없다. 어떤 사람들은 제품과 사회적으로 상호작용하려는 본능이 끝까지 억제해야 할 것, 혹은 극복해야 할 정서적 약점이라고 생각한다. 의미 있는 상호작용을 만드는 작업에 몰두하는 디자이너들에게, 이것은 다양한 색상에 대한 사람들의 선호나 작성된 문서를 읽기 쉬운 방식으로 배치하려는 그들의 필요에 맞서 싸우는 것과 같다. 최고의 제품은 사람들의 선호, 성향 및 한계를 기반으로 작업하는 것에서 비롯된다. 디자인이 잘 작동하기 위해서는 인간의 본능적인 성향과 조화를 이룰 수 있어야 한다. 또한 사회적인 상호작용이 우연히 일어날 것으로 여기고 방치하기 보다는 이러한 '인터랙션'을 의도적으로 디자인할 수 있어야 한다. 이 책은 본질적으로 소셜 디자이너social designer이기도 한 성공적인 인터랙션 디자이너들이 수행하는 작업에 있어서 고유하고 필수적인 부분이 무엇인지를 분명히 설명한다.

기술이 우리 삶에 미치는 영향력이 계속 증가함에 따라, 할리우드는 지능을 가진 기계에 점령당할 것 같은 두려움을 우리에게 심어주었다. 하지만 더 무서운 사실은 이미 우리가 전혀 지능적이지 않은 기계에 의해 점령되었다는 점이다. 로보틱스*와 인공지능에 대한 우려가 대중 매체에서 지배적인 것처럼 보일 수 있지만, 역설적이게도 점점 더 많은 사람이 '스마트'한 기능을 갖춘 제품을 구매하고 있다. 시중에 나와 있는 스마트 제품 중 상당수는 아무리 친근한 관계를 맺으려고 노력해도 금세 마음이 수그러드는, 귀찮지만 매번 찾아오는 사촌과 비슷하다. 하루 정도 어색한 교류를 하고 나면 그 사촌이 빨리 떠나기만을 기다리게 되지 않는가? 당신이 요리하고 있는데 말을 걸며 끊임없이 작업을 방해한다거나, 당신의 자녀에게 부적절한 농담을 계속한다면, 당신은 다른 방에 들어가 스트레스가 잔뜩 섞인 비명을 지르게 되는 것이다.

오늘날 제품에 부족한 것은?

질문에 답하기 위해 자동문을 한번 살펴보자. 자동문은 너무나 보편적이고 흔해서, 우리는 왜 이것이 사회적 관점에서 형편없이 작동하는지에 대해 별로 의문을 제기하지 않는다. 코넬 공과대학Cornell Tech의 제이컵 테크니언-코넬 연구소Jacobs Technion-Cornell Institute 부교수인 웬디 주Wendy Ju 박사는 그의 저서 《The Design of Implicit Interactions(암묵적 상호작용 디자인)》에서 이러한 상호작용의 문제를 생생하게 묘사하고 있다.[5]

당신이 다가가는데도 아무런 응대를 하지 않는 호텔 도어맨doorman을 상상해 보라. 그는 당신이 입구 쪽으로 조금씩 더 다가서도 자기 자리에 조용히 꼼짝하지

---

* 역자 주: '로봇공학'을 지칭. 이 책이 소셜 인터랙션 관점에서 로봇의 개념적인 디자인을 주된 내용으로 삼고 있다는 점에서, 기술 공학적인 뉘앙스를 조금이나마 배제하기 위해 원어 그대로인 '로보틱스'로 번역하였다.

않고 서 있다. 약 60cm까지 접근했을 때, 그가 갑자기 홱 문을 열어젖힌다. 만약 당신이 조금 늦게 도착한다면, 당신은 아무런 응대도 받지 못한 채 초조하게 기다리기만 하게 될 수도 있다. 도어맨의 멍한 시선은 불행하게도 당신에게 아무런 정황적 단서가 되지 못하기 때문이다. 이런 도어맨를 만나면 우리 중 대부분이 극심한 불쾌감을 느끼고는 그곳에서 벗어나려고 할지도 모르겠다. 그러나 이러한 불편은 비단 자동문에 그치지 않고 인간의 삶의 질을 향상시키기 위해 존재하는 많은 기기에 나타난다. 아마존의 개인 비서 알렉사는 자기의 존재를 알리지 않은 채 우리의 이야기를 엿듣거나, 우리가 의자에 꼼짝 않고 가만히 앉아 있으면 그곳에 아무도 없다고 간주하여 내장 램프를 꺼버려서 우리를 어둠 속에 파묻히게 하기도 한다. 이처럼 우리가 의지하는 많은 제품은 인간이 서로 의사소통하고 상호작용하기 위해 사용하는 사회적 신호와 규범에 대한 민감성이 턱없이 부족하다.

반응성 제품responsive product들은 사회적 개체로서의 미흡함에도 불구하고 요리, 청소, 오락, 건강관리, 보안, 위생 등 우리 삶 전반에 있어서 점점 더 필수적인 것이 되어가고 있다. 우리가 가진 기술은 프로덕트 디자이너와 기업가가 떠올리는 거의 모든 기능을 구현할 수 있는 분수령에 와 있으며, 기회는 오로지 우리의 부족한 상상력에 의해 제한되고 있을 뿐이다. 연구에 따르면, 제품이 진정한 인간 상호작용의 열반에 도달할 때, 제품 제작자는 더 큰 고객 참여, 만족, 충성도와 같은 결과로 보상받는다. 그러나 이러한 성공에도 불구하고, 너무 많은 제품이 여전히 '보통의' 테스트를 통과하지 못하는 조잡한 행동 디자인behavioral design에 의존하고 있다. 우리에게 필요한 해결책은 더 많은 기술이 아니다. 더욱 인간적이고 사회적인 디자인이 필요하다.

제품에 소셜 디자인 통합하기
이 책은 기술이 사회적 정보에 입각한 상호작용을 통해 제품을 인간 친화적으로 만들도록 하는 데 초점을 맞춘다. 또한 사람들이 사회문화적, 개인적 통념에 얼마나 민감한지, 제품이 이러한 맥락에 적절하게 대응하는 것이 왜 중요한지에 관해 이야기하고, 다양한 케이스 스터디와 랩 실험lab experiment, 전문가와의 인터뷰를 통해 디자인이 어떻게 좋은 제품과 나쁜 제품의 차이를 만들어내는지를 보여줌으로써, 제품 디자인에 첨단 기술을 수용하고자 하는 이들에게 많은 인사이트를 제공한다. 각 장은 상호작용형 제품interactive product을 개념화하고 디자인하는 방법에 관한 구체적인 지침과 함께, 좋은 디자인과 나쁜 디자인의 생생한 예시를 제공한다. 궁극적으로 이 책은 범람하는 최첨단 기술이 불러오는 혼돈 속에서, 인간이 상호작용을 위해 기준으로 삼는 사회적 가치와 통상적 규범 및 프로토콜을 이해하고, 채택하는 스마트 기술의 비전을 제시하는 것을 목표로 한다.

소셜 디자이너는 사람들이 다양한 상황에서 제품과 주고받을 교류를 예상하고, 일반적인 교류(이상적으로는 제품의 수명주기 전체에 걸쳐)가 일어날 때마다, 제품이 어떻게 보여지고 느껴질지를 고려하여 상호작용의 세부적인 부분까지 그려낸다. 이는 어떤 행동과 반응이 일어날지, 사용자의 니즈가 무엇인지, 그리고 어떻게 제품이 해당 요구를 충족시킬 수 있는지에 관한 일종의 구체적인 스크립트를 구축하는 것을 의미한다. 이러한 스크립트는 종종 '배터리 충전이 완료되었습니다' 또는 '곧 관리가 필요합니다'와 같은 언어 메시지verbal message를 포함할 수도 있지만, 빛과 소리, 움직임과 같은 전혀 다른 모드를 통해 동일한 메시지를 추상화하여 전달하기도 한다. 예를 들어 무언가가 잘못되었음을 암시하는 붉은 빛의 깜박거림은 기계의 배터리가 부족하다는 사실을 전달한다.

디자이너들은 색상, 타이포그래피, 재료와 같은 형식적인 소통 능력에 대해 생각하는 일에 익숙하다. 그러나 한층 더 역동적인 표현을 해내는 특징들은 본래의 양식과는 완전히 다른 도구로서, 대상에게 보다 전문적인 모습을 부여할 뿐만 아니라, 대상이 '살아있는' 것처럼 느끼게 해준다. 이 새로운 분야에서 최적의 결과를 얻기 위해서 기술자, 심리학자, 프로그래머, 디자인 리서처, 마케터와의 협업은 필수적이다.

비즈니스 관점에서, 다양한 인터랙션 디자인에 대한 사람들의 다양한 반응 이면에 숨어있는 심리적, 사회적 규범뿐만 아니라 상호작용 기술을 이해할 수 있는 이들로 구성된 팀을 꾸리는 것이 중요하다. 차세대 프로덕트 디자이너와 경영진들은 오늘날 디자이너들이 교육받는 내용을 넘어선 광범위한 기술들을 필요로 한다.

다시 말해, 제품이 우리를 명확히 "이해하도록" 만드는 일은 많은 인사이트와 계획 및 탐구가 필요한 복잡한 작업인 것이다. 명확한 공식이 있지도 않고, 알고리즘으로 문제를 다 해결할 수 있는 것도 아니다. 훌륭한 제품 디자인의 결과를 이끌어 내기 위해서는, 제작 초기 단계부터 올바른 소셜 인터랙션을 디자인하는 데 집중할 수 있어야 한다. 그리고 이것이 《로봇 UX》가 처음부터 끝까지 말하고자 하는 주제이다.

소셜 디자인의 작동 방식

소셜 인터랙션은 여러 가지 복잡한 측면을 지닌다. 사회적 역량을 가진 제품을 디자인하기 위해 적절한 이해의 깊이를 얻으려면, 사회·행동 과학에서부터 엔지니어링, 컴퓨터공학, 마케팅 및 경영과학에 이르기까지 다양한 분야에 걸친 인사이트가 필요하다. 제품의 사회적 활동을 디자인하기 위해 여러 관점의 통합이 요구되는 것이다. 이는 잘 설계된 상호작용형 제품이 여전히 드문 이유이다.

그림 1-2 소셜 디자인 프레임워크

　제품 팀은 여러 가지 디자인 결정을 내리기 이전에, 소셜 인터랙션을 우선적으로 고려하고 규정할 수 있어야 한다. 이 책은 프로덕트 매니저들로 하여금, 그들이 제품의 기술적 특성을 논하기 이전에, 인간-제품 간 관계의 본질에 대해 보다 깊이 있게 생각하고, 훌륭한 상호작용을 구상하도록 돕는다.

　《로봇 UX》는 확장되는 상호작용의 범위를 나타내는 프레임워크를 기반으로 내용이 구성된다. 사회적으로 상호작용하는 제품 자체(예: 핵심 기술, 구성 부품)의 실재감presence을 검토하고, 나아가 인간과 제품, 제품을 만드는 디자이너 간의 상호작용에 대해 논의한다. 그런 다음, 상호작용형 제품의 표현expression을 살핀다. 상호작용형 제품의 내용 전달 방법과 효과를 고찰하는 것이다. 상호작용interaction은 표현을 넘어, 제품이 사람을 감지하고 반응할 때 일어나는 앞뒤 대화까지 고려한다.

상호작용의 종류와 의미는 상호작용이 일어나는 맥락context에 따라 크게 달라진다. 여기에는 상호작용이 발생하는 환경뿐만 아니라 상호작용의 과업, 시기, 목적 및 역할도 포함된다. 이 모든 것을 포괄하는 에코시스템ecosystem은 제품의 방법과 이유, 상호작용에 영향을 미치는 광범위한 제품군을 비롯해 제품 생태계, 그리고 비즈니스 모델을 고찰한다.

제품에 초점을 맞추는 것에서, 제품이 속한 에코시스템으로 이동함에 따라, 우리는 로봇 진공청소기라는 객체에서 더 나아가 집을 깨끗하게 유지해야 하는 방법과 이유에 대해 생각할 수 있게 된다. 제품의 성공에는 모든 부분이 동시에 작동하는 것이 필수적이지만, 각 부분은 매우 복잡해서 각각을 처리할 때 각별한 주의가 필요하다.

제품이 가지는 사회적 활동의 모든 측면을 조사함으로써, 우리는 미래의 제품과 우리가 가질 상호작용에 영향을 미치는 다양한 요소뿐만 아니라, 성공적인 소셜 인터랙션을 만들어내기 위해 얼마나 많은 수준의 디자인을 다루어야 하는지에 대한 큰 그림을 엿볼 수 있다. 규율보다는 관심의 정도에 초점을 두고, 각 수준에서 상호작용형 제품의 디자인 요소를 찾아내는 데 필요한 서로 다른 영역의 연구와 전문적인 지식을 통합하고자 한다.

사회적 제품의 리터러시

기술 기반 제품이 점점 더 정교해짐에 따라, 이들의 내부 작동을 이해하는 일이 더욱 어려워지고 있다. 소비자들이 그들의 상호작용형 제품을 '마법'에 의해 작동하는 기계로 믿게 하기보다 제품이 어떻게, 그리고 어떤 이유로 작동하는지를 이해하도록 만드는 것이 중요하다. 이는 제품 제작과 관리를 맡은 사람이라면 누구나 적용된다. 이 책은 소비자용 제품 개발에 직접적으로 관여하는 전문가들을 대상으로 하고 있지만, 제품에 열광하는 일반 독자들에게도 어필할 수 있다. 소셜 제품 디자인에 대한 이해도가 높아지면, 사회적으로 잘 설계되어 정교하게 만들어진 제품에 대한 수요 역시 증가하게 된다.

제품 디자인은 새로운 변화의 직전에 있다. 우리는 더 이상 기술적으로 정통하고, 복잡한 시스템의 이모저모를 공부할 준비가 되어 있는 높은 동기를 지닌 1%의 사용자를 위한 제품을 만들지 않는다. 이제 상호작용형 기기의 사용자 기반에는 어린이와 노인, 그리고 언어 숙련도 수준 및 전자 기기에 대하여 서로 다른 경험을 가진 다양한 사람들이 포함된다. 퓨 연구센터Pew Research Center는 최근 보고서를 통해 "65세 이상의 사람 중 약 3분의 2가 온라인에 접속하여 스마트폰으로 기록을 공유한다."라고 말한 바 있다.[6] 스마트 워치가 처음 나왔을 때를 떠올려 보자. 처음에는 이 독특한 시계가 얼리어답터들만을 위한 복잡한 장치로 여겨졌을 수 있다. 하지만 지금은 상황이 전혀 다르다. 신기술을 싫어하는 가족에게 굳이 그것을 선물하는 사람들까지 생겨났다. 내 친구 수잔처럼 말이다. 그녀는 최근 90세가 되신 자신의 아버지에게 세련된 스타일링과 간편한 핸즈프리 기능을 즐기시기를 바라는 마음에서 애플 워치를 선물로 드렸다. 아버지가 혹시라도 넘어지실 경우, 애플 워치가 수잔에게 즉각 경보를 울릴 것이라는 사실은 모두에게 든든함과 고마움을 선사한다. 아버지를 비롯해서 사람들이 '현대 기술'이 일상생활에 침입하는 것에 대해 어떻게 생각하든 상관 없이 말이다.

상호작용형 장치가 점점 더 휴대성이 좋아지고 견고해짐에 따라, 디자이너는 이제 업무나 가정 환경뿐만 아니라 길거리, 군중, 또는 수중 환경에 이르기까지 사람들이 다니는 모든 곳을 설계하게 되었다. 2020년 봄 갑작스럽게 시작된 코로나 팬데믹은 우리의 일상에 많은 변화를 가져왔다. 친구와 식당에 가고, 파티에 참석하고, 갤러리를 거닐던 사람들의 일상은 원격으로 일하고, 음식이나 약을 구하는 일과같이 꼭 필요한 상황일 때만 잠시 집을 나설 뿐 평상시에는 각자의 집에 은신하는 폐쇄적인 일상으로 변모했다. 사람들은 이러한 사회적 접촉의 손실을 만회하고자 했고, 그 공백을 메우기 위한 기술로 눈을 돌렸다. 화상 통화를 싫어했던 이들조차 줌의 다중 참여자 기능에 전문가가 되어 가상의 트리비얼 퍼수트Trivial Pursuit* 게임이나 온라인 파티 등을 조직하기 시작했다. 양로원과 요양 시설의 거주자들에게는 사랑하는 사람들과 계속 연락할 수 있도록 페이스타임과 왓츠앱의 속성 강좌가 제공됐다. 출근은 이제 집안 거실에서 로그인하는 것이 되었고, 원격의료telemedicine는 매우 일상적인 용어로 자리 잡았다. 그리고 로보틱스에 대해 제대로 생각해 본 적이 없는 사람들 역시 자동화된 로봇 배달 서비스, 비접촉 식료품 보관 사물함, 이동식 소독 장치 등이 가지는 가능성에 대해 진지하게 생각하게 되었다.

이 책의 연구와 집필은 팬데믹 이전 몇 년 동안 진행되었다. 그러나 코로나바이러스의 출현은 이 주제의 중요성을 그 어느 때보다 돋보이게 만들었다. 갑작스럽게 새로운 기기로 일하고, 가족을 부양하며, 의료 자문을 구하게 된 사람들은 지금 당장 손안의 기기들과 어떻게 의사소통을 해야 할지에 대해 직관적인 이해가 필요했다. 이때, 사회적 능력이 강화된 제품은 설명서를 자세히 들여다볼 시간이 없는 사람들이 기대하는 단순한 방식으로 작동했기 때문에, 이들의 신뢰를 얻을 수 있었다.

---

* 역자 주: 사소한 정보(trivia)와 대중문화(popular culture)에 관한 문제를 풀어나가는 보드게임

물리적 환경과 디지털 환경의 교차점에 있는 제품

우리는 이 책을 통해 제품의 재료와 형태, 본체와의 관계, 스크린 메시지와 같은 디지털적 특성과 빛, 소리, 움직임과 같은 동적 특성 등 경험의 모든 측면을 종합적으로 살필 것이다. 또한 스마트 어시스턴트, 챗봇, 시리, 알렉사, 코타나, 구글 어시스턴트 등의 음성 에이전트와 같은 소셜 디자인의 명백한 예시를 고려할 것이다. 동시에 실제 음성을 가지지 않고 지저귀는 소리나 빛, 움직임과 같이 '로봇 언어'로 반응하는 미묘한 인터페이스를 가진 제품의 예시까지 살피고자 한다. 그들은 말하고 있는 사람을 향해 회전하는 마이크 혹은 메시지가 수신되었음을 알리기 위해 진동하는 손목밴드와 같이 간단한 것일 수 있다.

우리가 가지는 제품과의 관계에서 가장 강력한 측면은 빛의 깜박임, 일련의 음향, 제스처 동작과 같은 표상적 메시지를 해독할 때 단 몇 초 동안 발생할 수 있는 텔레파시에 가까운 수준의 교류일 것이다. 이해하기 위해 많은 집중력을 요하는 메시지가 단순한 주변시에 의해서도 발생할 수 있는 것이다. 맥락적으로 정교하고 민감한 상호작용이 가능한 제품이라면 우리와의 교류를 통해서 학습이 가능하다. 우리가 좋아하거나 싫어하는 것, 이해하고 있거나 이해하지 못하는 것이 무엇인지 기억하여, 궁극적으로 우리를 가장 잘 돕는 방식으로 적응하게 된다.

빛, 소리, 움직임을 통해 물리적 공간을 탐색할 수 있는 제품의 능력은 특정한 영역을 차지하면서 존재할 권리뿐만 아니라 방의 일부를 조명하고 벽, 바닥 또는 테이블을 다양한 방식으로 점유하거나, 다른 방에서 나는 소리에 손짓으로 반응하는 등 스스로를 변형시키는 힘을 가진다. 이러한 제품과의 관계는 화면과 얼굴을 맞대는 일대일 관계나 평면적인 경험을 넘어, 인간과 제품 사이의 전신적인 상호작용을 포괄한다.

이 책을 쓴 이유

무언가를 만드는 일에 언제나 열정을 가지고 있던 나는 처음에 기계공학자로서 경력을 시작했다. 창의성과 기술적 추구를 결합한 제품을 만들고 싶어 하는 사람에게 아주 좋은 직업이었다. 7년이 넘는 시간 동안 디자인 엔지니어 및 제품 연구원으로 일하며 이런저런 경험을 쌓았고, 이후 풍부한 디자인 교육 역사를 인정받는 크랜브룩 예술 아카데미Cranbrook Academy of Art의 석사 과정을 거치면서 쌓아온 경험을 토대로 제품 창작의 인간적인 측면을 탐구할 수 있었다. 건축가인 엘리엘 사리넨Eliel Saarinen과 가구 디자이너 찰스 임스Charles Eames가 초창기 교수진이었던 이곳은 그야말로 혁신적인 아이디어의 온상이었다. 그리고 나는 이곳에서 훌륭한 디자인 작업이 정답보다 더 많은 질문으로 구성되어 있음을 깨달을 수 있었다. 1990년대 후반 나는 물리적 환경과 디지털 환경을 혼합하는 가능성에 초점을 두고 연구를 진행했다. 이는 프로그래밍된 행동을 통해 사물object이 살아 움직이는 총체적인 경험이었다. 나는 일련의 실험적 프로젝트를 시작했고, 지금까지 멈추지 않고 탐구를 이어오고 있다.

대학원 졸업 후, 나는 유명 디자이너 카림 라시드Karim Rashid의 디자인 연구소와 프로그 디자인Frog Design을 비롯한 세계적인 디자인 회사들에서 일하는 행운을 누릴 수 있었다. 이후 스마트 디자인Smart Design에 자리 잡게 되었고, 이곳에서 스마트 인터랙션랩Smart Interaction Lab을 시작했다. 스마트 인터랙션랩은 자기 표현적 사물, 디지털 제작, 실재감 및 인식과 같은 주제를 기반으로 개선 작업 및 실제 체험형 실험 방식을 통한 디자인 탐구에 중점을 둔 이니셔티브이다. 이곳에서 이루어진 작업은 물리적인 상호작용형 제품에 대한 것이었고, 이를 통해 나와 동료들이 연구하고 있는 스마트 객체에 대한 아이디어가 현실적이고 실용적인 방법으로 일상적인 객체에게 접근하고 있음을 인식하게 되었다. 나는 주방용품부터 의료기기, 장난감, 자동차 인테리어에 이르기까지 다양한 제품을 개발하는 여러 디자인 팀을 이끌었다. 디자인 영역에서 물리적 객체와 디지털 객체를 잇는 역할이었다.

새로운 분야에서의 작업은 나를 다양한 경력으로 이끌었다. 나는 업계와 학계 모두에게 매력을 느꼈다. 업계를 통해 사람들의 삶에 직접적인 영향을 미치는 일은 내게 큰 성취감을 주었고, 최첨단 연구로 미래에 한 발을 들여놓는 짜릿함 역시 나에게 엄청난 행복이었다. 두 세계의 가장자리에서 휘청거리던 나는, 둘 사이의 균형을 가까스로 찾을 수 있었다. 나는 엔지니어로부터 얻은 아이디어를 창의적인 것으로 바꾸거나, 또는 그 반대의 과정을 즐겼다. 나의 작업물들은 〈파퓰러 사이언스〉, 〈테크놀로지 리뷰〉, 〈뉴욕타임즈 선데이 리뷰〉[7]의 표지를 장식했고, 〈타임〉 매거진의 2019년 최고 발명품에 선정되기도 했다. 또한 제품 인터랙션의 최전선을 탐구하는 일에 대한 나의 열정은 일상적인 디자인 및 기술의 사회적 효과에 관하여 국제적으로 글을 쓰거나 강연하는 다수의 기회를 가져다 주었다.

스마트 디자인에 합류하기 전 나는 2007년에 안드레아 토마스Andrea Thomaz 박사가 조지아 공과대학Georgia Institute of Technology에 설립한 소셜리 인텔리전트 머신즈 랩Socially Intelligent Machines Lab의 핵심 멤버로 약 10년간의 관계를 시작했다.[8] 조나단 홈즈Jonathan Holmes라는 기계공학자와 함께, 나는 사이먼Simon이라는 이름의 소셜 로봇 플랫폼의 핵심 개발 팀으로 있었다. 우리는 몸짓, 말하기, 사물 주고받기, 부엌이나 로비와 같이 다양한 환경에서 협업하기 등 사람이 컴퓨팅 머신과 보다 직관적이고 인간적인 방식으로 상호작용할 수 있는 모든 방법을 연구하기 위해 사이먼을 활용했다.[9] 안드레아와의 소셜 로봇 디자인 공동연구는 그녀가 연구와 연구실을 텍사스대학교 오스틴 캠퍼스University of Texas at Austin로 옮겨온 덕분에 더욱 원활하게 진행되었다. 나는 이때까지 얻은 휴먼-로봇 인터랙션Human-Robot Interaction, HRI에 대한 연구 결과를 스마트 디자인에서뿐만 아니라 독립적으로 개인 스튜디오에서 진행하고 있던 제품 작업에 적용할 수 있었다. 2017년, 안드레아는 헬스케어 산업용 로봇 제품을 만드는 회사인 딜리전트 로보틱스Diligent Robotics를 설립했고, 나는 회사의 책임 디자이너로 합류하게 되었다. 딜리전트 로보틱스를 대표하는 제품인 목시Moxi는 고도로 발달한 상호작용 능력을 가진 병원용 로봇으로, 미국의 여러 병원에서 사용되고 있다.

모든 제품이 목시와 같이 복잡한 로봇은 아니겠지만, 로봇과 사용자 사이에 정기적으로 일어나는 상호작용의 뉘앙스는 칫솔, 커피 메이커, 마이크, 스쿠터처럼 평범해 보이는 제품에도 적용될 수 있다. 응용 로보틱스가 일상적 객체와의 소셜 인터랙션을 높이기 위한 잠재력을 가진다는 사실은 의심할 여지없이 놀라운 일이다. 이러한 발견에 영감을 받아 《로봇 UX》를 집필하였다.

그림 1-3 병원용 로봇 목시

    나는 로보틱스 분야 디자인 컨설턴트로서의 업무 외에도, 모교인 크랜브룩 예술 아카데미에 4D 디자인학과를 만드는 데 열정을 쏟았다.[10] 해당 학과는 코딩과 형태, 전자공학의 교차점을 탐구하고자 하는 학생들을 위한 엄선된 예술학 석사 Master of Fine Arts, MFA 과정 프로그램이며, 기술의 창의적 응용을 위한 연구를 목적으로 한다. 또한 인간 주변의 물리적 세계가 데이터의 저류와 결합함으로써, 일상적인 경험을 피드백 중심의 연결된 상호작용으로 전환하여 문화와 사회의 모든 측면을 변화시키는 무수한 방법을 탐구한다. 47년 크랜브룩 교육 역사에서 최초로 고안된 이 프로그램은 대학의 실험적인 디자인 활동의 역사적 유산을 기반으로 하며, 상호작용형 객체, 투영 이미지, 임베디드 전자 장치, 응용 로보틱스, 컴퓨터 제어 장치, 3D 프린팅 및 혼합현실Mixed Reality, MR 환경을 포함한 광범위한 결과를 아우를 수 있도록 사물을 재정의하기도 한다.

이 책은 내가 크랜브룩의 4D 디자인학과에서 가르치는 교재를 바탕으로 쓰였다. 스쿨 오브 비주얼 아트School of Visual Arts, 펜실베이니아대학교University of Pennsylvania, 파슨스 디자인스쿨Parsons School of Design에서 이전에 내가 개설했던 수업을 발전시킨 내용인데, 이는 스마트 객체 디자인에 초점을 맞춘 최초의 수업에 속한다. 나는 수업과 실무 작업을 보완하기 위해, 휴먼-로봇 인터랙션의 심리적 영향과 디자인에 대한 주제로 토론을 벌이는 로보싸이크RoboPsych라는 팟캐스트를 공동으로 주최하고 있다.[11] 심리학 박사, 브랜드 전문가이자 로보싸이크의 설립자인 톰 과리엘로Tom Guarriello와 함께하는 토론의 장에서 우리는 로봇이 사회와 문화에 미치는 영향을 탐구하고 전문가와의 심층 인터뷰를 통해 미래의 제품과 시스템을 찾아 나선다.

이 책에는 내가 가르치고, 강연하고, 팟캐스트를 진행하고, 글을 쓰기 위해 만든 콘텐츠와 제품 디자이너로서의 경험에서 얻은 인사이트, 그리고 현재 실무적으로 사용되고 있는 딜리전트의 최첨단 로봇으로부터 계속해서 얻어지는 배움이 가득하다. 뿐만 아니라 산업 분야와 학계에 있는 동료들의 논평과 지혜, 그리고 내가 20여 년 동안 선구적인 작업을 진행하면서 관찰한 프로젝트에 대한 일화 및 해당 분야 전문가들과의 인터뷰가 적절하게 담겨 있다.

이 책의 활용법과 구성

이 책은 다양한 독자들을 위해 쓰였다. 제품 개발 프로세스에 참여하지만 공식적인 디자인 교육을 받지 않은 독자에게 이 책은 인터랙션 디자인과 사용자 경험(User Experience, UX) 디자인의 현대적 관점과 실무적인 내용을 포괄하는 입문서다. 이 책을 통해 제품의 내부 디자인까지 담당하는 전문가들과 더욱 긴밀하게 연결되고 소통하는 능력이 길러질 것이다. 디자인 지식을 이미 가지고 있는 독자라면, 이 책의 초반부에서는 익숙한 개념들을 만나게 될 것이다. 그러나 후속 장으로 갈수록 스마트 객체의 세계를 아우르는 근본적인 디자인 아이디어를 확장하는 지혜를 얻을 수 있다. 《로봇 UX》는 이들이 제품 디자인에 로보틱스를 적용하는 일에 대해 보다 깊이 있는 지식을 탐구하도록 돕는다. 이 책은 또한 아이디어 교환을 위한 징검다리를 형성하기 위해, 조직 내 디자인 지향적이지 않은 동료들과도 공유할 수 있는 유용한 텍스트가 된다. 모두가 제품의 잠재력에 대한 멘탈 모델mental model 을 이해하고, 더 나은 제품·서비스 창출 기회를 구상하도록 돕는 것이다. 뿐만 아니라 가장 이상적으로는, 사람들이 자신이 속한 조직에서 기술·기능 기반의 접근 방식 보다는 사회적 접근 방식을 선호하게 되고, 제품 인터랙션의 큰 그림을 그리는 사람을 지지하게 되며, 조직의 모든 이들이 제품 개발에 보다 적극적으로 참여하도록 하는 데 도움이 될 수 있다. 마지막으로, 이 책은 현시대의 제품 디자인에 관심을 가지고 그것의 쓰임을 더 잘 이해하여 현명한 구매 결정을 내리고자 하는 일반 독자들에게 제품이 어떤 프로세스를 거쳐 만들어지는지에 관한 유의미한 인사이트를 제공한다.

이 책은 제품이라는 개념을 사회적인 개체로 인식하는 다층적인 접근법layered approach을 취한다. 앞서 설명한 소셜 디자인 프레임워크를 사용하여 상호작용형 제품의 물리적 실재감, 자신을 표현하는 방식, 사람과 환경을 보고 듣고 이해하는 기술, 인간의 사회적 맥락, 그리고 에코시스템의 다른 제품 및 서비스와 기기의 관계를 고려하여 장치의 결정적인 요소들을 구상하는 방법에 관해 이야기할 것이다. 각 장은 프레임워크 각각의 원주와 일치하며, 상호작용형 기기가 해당 범주 안에서 어떻게 기능하는지 탐색하여 가시적인 예를 제시하고 주요 단면을 분석한다. 각 장은 각각의 원주에 속하는 상호작용형 제품을 디자인하는 방법에 대한 지침과 원칙으로 마무리될 것이다.

소셜 디자인은 어떻게 작동하는가?

2장은 확장될 개념의 기초를 제공함으로써, 인지과학의 핵심 측면이 사용자가 제품을 지각하게 만드는 무대, 그리고 제품 제작자로 하여금 인간과 제품의 의사소통을 구상하도록 돕는 토대를 어떻게 마련하는지를 고려한다.

제품이 가지는 실재감의 중요성

3장은 실재감에 관한 부분으로, 프레임워크의 핵심 내용을 다룬다. 제품의 물리적 형태 및 재료적 특성에서 시작하여, 제품의 전체적인 인상을 탐구한다. 물리적 속성이 어떻게 인간과 제품 사이의 사회적 관계의 기초를 성립시키는지, 그리고 스크린과 앱, 소프트웨어라는 비물질 세계에 대한 우리의 헌신적인 노력에도 불구하고 물리적 세계가 왜 여전히 중요한지에 대해 토론할 것이다.

커뮤니케이션으로 사물을 표현하라

4장은 표현에 대한 장으로, 제품이 사용자와 어떻게 외적인 의사소통을 할 수 있는지 설명한다. 제품의 동작 혹은 과업 완료에 필요한 정보 등 의사소통을 위해 제품이 발산하는 핵심적인 메시지를 살필 것이다. 또한 소리와 빛, 움직임의 기본 양식이 어떻게 언어적, 비언어적 신호 모두를 통해 효과적인 메시지 전달에 기여할 수 있는지에 관하여 탐구하고자 한다.

제품과 사람 사이의 인터랙션

5장은 상호작용에 관한 장으로, 인간과 제품이 의사소통할 때의 복잡성을 자세히 탐구한다. 이는 먼저 제품이 외부로 메시지를 전달하는 방식을 이해하는 것에서부터 시작한다. 이후 센서 데이터를 수신하고 응답할 때 어떤 상황이 발생하는지 살피기 위해, 끊임없이 변화하는 피드백 루프를 형성한다. 제품이 인간과 주변 환경을 어떻게 이해하는지에 대한 개괄을 제공하고, 효과적인 교류를 가능하게 하는 주요 패턴을 탐색할 것이다.

맥락을 디자인하라

6장은 맥락에 관한 내용으로, 인간의 사회적 맥락이 모든 디자인 결정에 어떻게 영향을 미치는지를 이야기 한다. 제품 사용이 이루어지는 물리적 상황(예: 가정, 직장, 실내외, 겨울, 여름)을 살피는 것으로 시작하여, 제품 사용자의 마음 상태(예: 침착, 불안, 몰입, 산만)를 이해하는 것까지 이어진다. 좋은 디자인은 맥락을 고려한다. 맥락의 변화를 결정하고 적절하게 대응하기 위해 개인과 환경으로부터 입력된 데이터를 활용하는 것이다.

모든 것을 하나로 연결하는 에코시스템 디자인

3장부터 6장에서는 주로 개별적인 제품을 살펴보았다. 그러나 스마트폰, 시계, 스피커가 함께 작동하여 캘린더 정보 및 구두 알림을 제공하는 방식과 같이 제품이 시스템의 일부로 상호작용할 때 강력한 경험이 발생한다. 7장은 에코시스템에 관한 내용으로, 에코시스템 활용 사례 및 상황에 따라 개별적으로 대응하면서 동시에 더 큰 시스템에 데이터를 제공하기 위해 서로 협조하는 다양한 제품에 서비스가 어떻게 연결될 수 있는지를 살핀다.

AI를 비롯한 다양한 수준의 지능

8장에서는 오늘날의 스마트 제품의 성공을 평가하고, 지능형 제품의 미래로서 사회적 지능social intelligence에 초점을 맞춘 학술 및 산업 연구의 최전선에 있는 기술 동향을 살펴보며 소셜 객체가 어디로 향하고 있는지, 그 방향성을 탐구한다. 또한 점점 발전해 나가는 능력이 제품을 일상생활에 통합시키는 방식에 어떤 영향을 미치고, 이때 우리는 상호작용하는 데 있어서 어떠한 유형의 성취를 바라야 하는지를 이야기해 본다.

미래는 지금 여기에 있다

9장에서는 책 전반에 걸쳐 탐구해온 주요 개념들을 리뷰하고, 디자이너들이 어떻게 인간의 가치가 새로운 제품 관계에 의해 지원될 수 있는지에 대해 성찰하도록 도전한다.

각 장은 계층의 범위에서 무엇이 중요한지, 프로덕트의 사회적 활동에 어떤 영향을 미치는지, 그리고 디자이너가 해당 수준에서 고려해야 할 것이 무엇인지에 대해 사례를 들며 설명한다. 사물의 물리적 존재가 그것을 사용할 사람들에게 무엇을 의미하는지에 대한 근본적인 개념에서 출발하여 어떻게 사회적 제품이 개발되는지를 탐구하는 여정에 독자 여러분을 초대하고 싶다.

2장

소셜 디자인은
어떻게 작동하는가?

스마트 제품의 소셜 디자인을 생각할 때, 나는 나와 노트북과의 관계를 종종 떠올리곤 한다. 어떤 면에서 궁극적인 다목적 스마트 객체(물론 스마트폰이 등장하기 이전)로 여겨지는 노트북은 시간이 흐름에 따라 차갑고 딱딱하기만 한 사물에서 인간과 함께하는 게 자연스럽게 느껴지는 물건으로 진화했다. 닫혀 있는 노트북은 휴대하기 편리하고, 공책을 대신하며, 창의성을 자극하고, 타인과의 연결이라는 잠재성을 시사하는 나만의 두꺼운 금속 액세서리다. 노트북이 열리면, 그것은 나의 관심을 요하는 존재로 변한다. 노트북의 화면은 나와 정면으로 마주 보면서 그 너머의 시야를 가려 버린다. 나는 주변 어떤 것보다도 밝게 빛나는 이 직사각형에서 일어나는 모든 활동에 매료된다. 노트북은 일어날 수 있는 어떠한 상호작용도 모두 대신해 준다. 곁눈질하는 대상이 아닌, 주요한 대화의 주체로서 내 관심을 모두 빼앗아 간다. 내가 키보드로 작동 행위를 하면, 노트북은 빛과 소리를 통해 활동의 결과를 빠르게 나타낸다. 그러면 나는 주위의 다른 모든 것들은 의식하지 않은 채, 노트북과의 시간에 완전히 몰두하게 되는 것이다.

　노트북의 트랙패드를 살짝 터치하면, 페이지를 위쪽으로 이동시켜 위에 쓰인 내용을 다시 검토할 수 있다. 때때로 나는 기계와의 연결성을 강화하기 위해 아무 생각 없이 트랙패드를 만지거나, 화면 페이지를 위아래로 왔다 갔다 하면서 내 의도에 맞게 잘 움직이는지를 확인하곤 한다. 이렇게 노트북과 상호작용을 하면서, 나는 종종 수십 년 동안 발달된 근육 기억력을 활용해 기계와 하나가 되어 키보드 주변을 손으로 날아다니기도 한다. 키보드 작업은 제2의 천성이라고 할 정도로 습관화되어 있기 때문에 이때의 생각이 어떻게 시작되어 어떻게 끝났는지조차 알지 못한다.

이 직관적이고 친밀한 상호작용은 소셜 인터랙션의 좋은 예다. 이는 인간과 기계가 교차하며 소통하는 데 의식적인 생각이나 정신적인 훈련이 거의 필요치 않은 수준의 상호작용이다. 그러나 이와 같은 친밀감이 쉽게 얻어지는 것은 아니다. 마우스, 키보드 또는 트랙패드를 통해 컴퓨터를 다루는 방식이 불편하고 부자연스러운 상호작용 방식인 것은 부인할 수 없는 사실이다. 내가 미술학과 학생들에게 디자인 툴을 가르칠 때, 커서를 제어하려면 마우스를 직접 모니터 화면 위에 놓아야 한다고 생각하는 학생들이 존재했다. 마우스를 사용하는 일에 익숙한 사람에게는 터무니없어 보이겠지만, 충분히 있을 수 있는 상황이다. 이는 '어색한 10대 시절'의 컴퓨팅 기기 발전으로, 목적을 이루기에 충분하며 제조업체가 가진 부품과 비용으로 만들 수 있는 최상의 선택이었을지도 모르겠다. 그러나 결코 이상적이라고 볼 수는 없다.

많은 노력을 들여 나는 내 노트북과 친밀감을 쌓게 되었다. 물론 이 관계는 일상생활에서 일어나는 한 가지 상호작용의 예시에 불과하다. 또 다른 사회적 교류 역시 나와 커피 머신, 휴대폰, 온도 조절기, 자동차 대시보드 사이에서 일어나고 있다. 일부는 두드리거나 어루만지는 동작을 통해 촉발되기도 하지만, 마이크와 카메라 기술이 더욱 정교해지고 보편화됨에 따라, 음성과 몸짓을 통해 이러한 사회적 교류가 발생하는 일이 늘어나고 있다. 그럼에도 불구하고 이런 상호작용은 나로 하여금 엄청난 인지 부하를 경험하도록 한다.

과거에는 정교하고 직관적인 인터페이스interface를 가진 제품을 개발하는 일이 경제적으로 어려웠다. 센서 부품은 비쌌고, 소프트웨어 개발은 굉장히 부담스러운 일이었으며, 마이크로컨트롤러 역시 소비자 제품에 적용될만큼 작고 저렴하지 않았다. 우리는 컴퓨팅 장치가 매우 부적절하다는 사실을 잘 알고 있었기에, 이상적인 솔루션을 열심히 구상하고 탐구하여 프로토타입까지 만들었으나, 대량생산 제품에 이러한 새로운 아이디어를 구현한다는 것은 거의 불가능했다. 그러나, 새로운 상호작용 방식의 가능성에 대한 실험이 미래의 제품 디자인 분야에 있어서 분명한 가치가 있다는 점은 분명했다.

그리고 많은 기술적 장애물을 뛰어넘은 지금, 디자이너들은 수십 년간 꿈꾸었던 이상적인 비전을 토대로 새로운 제품 솔루션을 알리고, 실제적이고 구체적인 아이디어 및 실행 가능한 제품 제인을 실현할 수 있게 되었다.

소셜 어포던스

이 책은 신제품의 소셜 어포던스social affordances(사회적 행위지원성)를 구축하고 측정하는 방법에 초점을 맞춘다. 소셜 어포던스는 인지심리학자 도널드 노먼Donald Norman의 디자인된 어포던스 정의에서 나온 용어로 '사회적 가치'라는 특정 필터가 적용된 것이다.[1] 이 용어는 원래 오토데스트Autodesk의 연구개발자research scientist인 에린 브래드너Erin Bradner가 이메일, 메시지, 회의 시스템과 같은 기술에 의해 연결된 사람들 간의 커뮤니케이션이 그룹 작업을 어떻게 촉진할 수 있는지를 고려하기 위해 사용했었다.[2] 우리는 여기에서 인간과 제품 사이에 일어나는 소셜 인터랙션을 포함하도록 정의를 학장하기로 한다. 소셜 인터랙션은 기기를 아바타로 사용한 결과일 수도 있고, 인간을 위한 대역일 수도 있고, 인간-제품 간의 의사소통을 위한 수단일 수도 있다.

제품 디자인의 소셜 어포던스는 아래와 같은 측면들이 고려되어야 한다.

- 친밀도: 나와 제품 간 관계의 본질을 정의한다. 이 제품은 나 자신의 확장인가, 아니면 내 지시와 무관하게 스스로 수행하는 작업을 통해 나를 지원해주는 에이전트인가?

- 형태: 제품의 구조를 구성하는 물리적 형태가 사회적 능력과 의도를 전달하고 인체와 관련짓는 방식이다.

- 역동적 행위: 빛, 소리, 움직임의 변화가 인간과 제품 사이의 소셜 인터랙션에 미치는 영향을 고려해야 한다.

- 대화 요소: 제품이 표출하는 메시지는 사람과 제품 사이의 관계가 진화하는 방식에 어떤 영향을 주는가?

소셜 어포던스와 더 나은 제품 경험

다행히 우리는 제품 개발자로서 훨씬 좋은 결과를 얻을 수 있는 새로운 시대를 살고 있다. 인터페이스를 익히기 위한 학습 곡선을 줄이고 강한 유대감을 형성하여 보다 많은 이들이 쉽게 사용할 수 있도록 한다. 노트북이 내 몸의 일부라고 가정해 보자. 트랙패드가 없어도, 눈의 움직임만으로 원하는 곳에 커서를 이동시킬 수 있을 것이다. 얇고 유연한 인터페이스로서, 필요할 때 언제든지 주머니 속에서 꺼내 펼칠 수 있다. 또한 메인 인터페이스가 키보드에서 드로잉 태블릿으로 전환되어, 훨씬 다양한 방법으로 아이디어를 입력할 수 있게 된다.

이처럼 제품은 자연스럽게 내 몸의 일부로서 인공손과 같은 역할을 해낼 수 있다. 컴퓨팅 기기와 가질 수 있는 또 다른 유형의 관계에는 사회적 방식으로 소통하는 것이 자연스럽게 여겨질 전혀 새로운 개체와의 상호작용이 있다. 2007년에 나는 조지아 공과대학에서 사이먼 로봇 개발을 위한 소셜리 인텔리전트 머신즈랩의 핵심 팀원이 되었다. 이곳에서 나는 컴퓨터와의 소셜 인터랙션이 가지는 가치와 강점에 관해 큰 깨달음을 얻을 수 있었다.

사이먼은 인간과 기계가 함께 생활하고 일하는 방법을 연구하기 위해 개발된 상반신 휴머노이드 로봇이었다. 나는 주로 창의적인 측면을 이끌었는데, 사이먼의 움직임 및 행동 특성을 정의하는 핵심 수단인 로봇의 전체 아키텍쳐architecture를 설계하는 일 등을 포함했다. 나는 안드레아, 기계 공학 파트너인 조나단 홈즈와 함께 코딩, 기계학, 버튼 프레스에 대한 지식 없이도 컴퓨터를 제어하고 훈련시키는 방법 연구를 위한 로봇을 만들기 시작했다. 시이민 프로젝트의 목표는 오로지 사회적 신호에만 의존하여 제어와 성능을 발휘하는 컴퓨팅 머신을 만드는 것이었다. 다시 말해, 로봇과의 인터랙션을 위해 말하기, 몸짓, 물건 교환 등 사람들끼리 상호작용할 때 이미 습득되어 있는 테크닉만을 사용하여 로봇에 접근할 수 있도록 하는 것이다. 사이먼은 구어체 문장을 이해할 수 있었고 음성을 가졌으며, 움직임과 가벼운 행동으로 적절하게 응답할 수 있었다. 어떤 요청을 이해하지 못하면 미안하다는 듯한 표정으로 팔을 들어 올리거나 고개를 갸웃거리면서 혼란스러움을 표현했다. 색깔을 인식하면 귀에 불이 들어오고, 대답은 상대방이 말을 마치고 나서 해야 한다는 것도 알았다.

사이먼은 사람들의 상호작용을 연구하기 위해 개발된 일회성 프로토타입prototype(시제품)이었다. 나는 스스로 매우 직관적으로 노트북을 사용한다고 자신하지만, 실제로 내가 노트북과 상호작용하는 방법을 처음 배울 때는 많은 인지적 노력이 필요했다. 나는 10대 시절에 구식 타자기를 사용하다가 결국 쿼티QWERTY 키보드를 사용하는 훈련으로 수년을 보냈고, 마침내 내 노트북 케이스와 유사한 얇은 컴퓨터 키보드를 쓰게 되었다. 손끝에서 매끄럽게 움직이는 트랙패드 또한 사용법을 익혀야 했었는데, 작은 사각형에 내 손가락을 위치시켜 모니터에 매핑시키는 방법을 터득하는 데 한참의 시간이 걸렸다.

그림 2-1 사회적 신호에 반응하는 로봇, 사이먼

소셜 로봇 사이먼의 귀

사이먼은 내가 그때까지 작업한 것 중 가장 흥미로운 프로젝트였다. 인터랙션 디자이너로서 경험할 수 있는 가장 극단적인 인터페이스였기 때문이다. 우리는 로봇이 어떻게 말하고, 움직이며, 빛을 내는지를 생각하기 이전에, 먼저 로봇의 전체적인 모양과 형태에 대한 명확한 방향을 설정해야 했다. 이전 로봇 프로젝트에서 얻은 안드레아의 연구 결과들을 바탕으로, 우리는 사이먼이 표현력 있는 얼굴을 가져야 한다는 결론에 도달했다. 특히 그가 어디에 시선을 두고 있는지, 누구에게 주목하여 소통하고자 하는지를 암시하는 '눈'이 필요했다. 오히려 (프로젝트 이전에는 당연하게 여겨졌던) 로봇의 신체 부위 중 하나인 '귀'는 기능적으로 불필요하다고 판단했다.

귀는 로봇에게 기계적 기능을 제공하지 않는다. 말을 이해하는 데 필요한 마이크는 머리나 몸통에 숨겨 놓을 수 있다. 실제로 사이먼의 귀에는 '듣기'를 가능하게 하는 마이크가 들어 있지 않다. 이 부속물들은 수송적인 단서와 감정적 피드백을 제공하는 등의 사회적 기능만을 수행할 뿐이다. 안드레아는 사이먼 프로젝트 이전에 신시아 브리질 박사Dr. Cynthia Breazal의 후원으로 소셜 로보틱스에서 괄목할 만한 프로젝트인 레오나르도Leonardo라는 박사 연구를 진행했었다.[3] 레오나르도를 연구했던 팀은 사람들이 고양이나 개의 귀 움직임을 해석하는 것과 마찬가지로, 로봇의 귀가 사람들과 상호작용 하는 동안 일어나는 일에 대한 중요한 비언어적 정보를 제공한다는 사실을 알게 되었다.

이러한 발견을 기반으로, 우리는 표현적 피드백에 사용될 큰 특징적 요소를 만들기 위해 사이먼의 귀를 과장하기로 결정했다. 이는 '호기심'을 로봇 캐릭터의 초석으로 삼겠다는 우리의 목표와 부합하며, 새로운 과업을 수행하기 위해 명령에 귀 기울이겠다는 과감한 의사 표현을 통해, 상호작용이 일어나기도 전에 사회적 행위자social actor로서의 역할을 확립하는 것이다.

사이먼의 머리 상반구에 두드러지게 자리를 차지하고 있는 귀는 더듬이와 비슷하게 두 개의 긴 반쪽짜리 캡슐처럼 생겼다. 디자인 목표의 일부는 기계로서(사람과 같은 생명체가 아닌) 로봇에 대한 기대치를 설정하는 것이었기 때문에, 귀는 유기적인 형상보다는 헬멧의 모양에 더 가깝다. 각각의 귀는 위아래와 앞뒤로 회전하는 2 자유도degree of freedom를 가졌다. 그 결과 상호작용을 향상시켜 주는 광범위한 움직임이 가능하게 되었다. 팀과 함께 일하면서 나는 겉보기에 사소하거나 혹은 장식적인 형태가 상호작용을 향상시키는 역할을 하는 몇 가지 방식을 발견하게 되었다.

귀의 위치는 휴면, 깨어나기, 대기, 작업 중, 오류 상태 등 시스템 상태의 여러 측면을 나타낼 수 있다. 적절한 프로그래밍 및 처리 과정을 거친 로봇의 귀는 인간이 직관적으로 해내는 것과 마찬가지로 목소리의 위치를 성공적으로 잡아낼 수 있음을 보여준다. 주변에서 다른 사람의 목소리가 들리더라도 주된 화자로 여기는 사람을 가리키는 모양을 통해 대화 당사자에게 주의를 기울이고 있음을 나타내는 것이다.

이러한 의사소통 제스처를 표현하는 능력은 로봇과의 상호작용에서 가장 섬세하고 미묘한 부분이며, 귀는 로봇이 전달하는 메시지를 강조하는 데 큰 역할을 한다. 예를 들어, 로봇이 음성 프롬프트를 통해 물체의 색상을 식별하는 동안 귀는 적절히 회전하여 상대방의 말을 듣고 있음을 나타내는 것이다. 만약 누군가가 "녹색 통에 들어가야 한다."라고 말하면, 사이먼은 문장을 해석하고 '녹색'이라는 단어를 뽑아 카메라가 포착하고 있는 이미지의 색상과 그 단어를 연관시킬 수 있다. 만약 말로 표현한 문장에서 색 정보를 식별할 수 없다면, 마치 "나는 당신의 말을 정확하게 이해하지 못했어요. 더 많은 정보를 듣기 위해 노력 중입니다."라고 말하는 것처럼 귀를 낮춘다. 물건을 엉뚱한 통에 넣으면 사이먼을 혼낼 수도 있다. 그때 로봇은 "죄송합니다. 제대로 해내겠습니다."라고 말하는 듯이 다시 한번 귀를 낮춘다.

사이먼과의 상호작용이 굳이 노골적일 필요는 없다. 사이먼의 제스처 기능을 통해 모양과 몸짓으로 많은 정보를 주고받을 수 있기 때문이다. 예를 들어, 대화에 단어와 문장을 추가하지 않고도 몸짓 언어로 죄송하다고 말할 수 있는 것이다. 그리고 이 모든 일이 일어나는 동안 몸짓 언어는 로봇의 성격을 만들어 주는 역할을 하며, 이는 로봇이 일을 잘 해내고 싶어 하고 지금 맡겨진 일에 몰두하고 있음을 나타낸다. 이해될 수 있는 성격을 갖는 것은 또한 사람들이 미래의 상호작용에서 로봇이 어떻게 행동할 것인지에 대한 합리적인 기대를 형성하도록 돕는다. 결국, 이것은 사람들이 상호작용을 계속하도록 격려하고, 배우기 위해 엉망이 되어야 하는 불완전한 개체로서의 로봇을 공감하도록 고무하는 흥미로운 감정적 고리를 제공한다.

제품과 교감하는 이 강력한 감각은 제품 디자인의 성배이다. 즉각적이고 직관적인 상호작용은 인간이 제품에 대해 가지는 짜증 섞인 반응과 애정 어린 반응의 차이를 만들어낸다. 사람이 제품과의 교류에 오래 머물 수 있도록 하는 상호작용의 핵심 비결은 휴머노이드 모양의 '형태'가 아니다. 오히려 발생할 확률이 높은 상호작용에 적절히 대응하도록 하는 시스템을 구축해내는 일이 매우 중요하다. 이때, 본질적으로 센서 시스템과 프로그램 된 액추에이터actuator(작동기)가 필요한 것은 맞지만, 이 모든 것은 상호작용의 사회적 잠재성social potential에 민감한 제품 아키텍처와 물리적 디자인에서 비롯된다. 사이먼의 경우, 과장된 안테나 귀가 그것일 수 있고, 다른 제품에서는 까딱거리는 자동차 문손잡이, 혹은 고개를 숙이거나 귀 기울이고 있는 곳을 가리킬 수 있는 마이크가 그것일 수 있다.

사이먼은 극단적 인터페이스로서 대부분의 가정용 제품에는 필요하지 않지만, 나는 이후 다양한 로봇 개발 프로젝트에서 사이먼을 통해 가진 경험을 십분 활용할 수 있었다. 인터랙티브 물병에서부터 자동차 인테리어에 이르기까지 거의 모든 종류의 제품 디자인 역시 이때의 경험에 크게 의존하여 얻어진 것이다.

인터랙션은 지능이다

기술 측면에서 보면, 제품·서비스는 자연어를 사용하여 말하고 듣는 기능, 과거에 한 일을 기억하는 기능, 날씨와 같은 요소에 대한 감각 능력, 인터넷에서 업데이트를 받는 연결성 등에 의해 강력해졌다. 우리는 이런 기능들로부터 제품 지능의 발전을 느낄 수 있다. 제품이 버튼, 노브, 화면을 넘어 대화나 제스처 같은 직관적인 인간 행동을 사용하여 상호작용하기 시작한 것이다. 애플의 시리, 아마존의 알렉사, 구글 홈, 마이크로소프트의 코타나와 같은 상호작용형 프로덕트들은 인공지능 에이전트지만, 이들이 만들어내는 경험은 인공지능만으로 제공할 수 있는 수준을 훨씬 뛰어넘는다. 소비자 관점에서 볼 때, 인터랙션은 지능이다.

여기서 인터랙션 지능interaction intelligence과 인공지능artificial intelligence을 확실히 구분해서 이해할 필요가 있다. 오늘날의 인공지능은 빠른 검색, 패턴 인식, 복잡한 기획 및 대규모 데이터 처리를 가능하게 한다. 인공지능이 지능형 상호작용 시스템을 만드는 데 도움이 되는 것은 사실이다. 그러나 인공지능의 도움만으로 상호작용을 일으키기에는 턱없이 부족하다. 이 책의 아이디어는 사회적인 소통이 가능한 제품을 디자인하고 차세대의 소비자 프로덕트 디자인의 패러다임을 확립하는 데 초석이 될 인터랙션 지능에 초점을 맞추고 있다.

비즈니스 관점에서는 상호작용 기술과 서로 다른 인터랙션 디자인에 대한 사람들의 반응을 지배하는 심리적·사회적 규칙, 이 두 가지 모두를 이해할 수 있는 디자이너를 고용하는 일이 중요해졌다. 그리고 차세대 인터랙션 디자이너들에게는 지금까지 디자이너, 엔지니어 또는 컴퓨터 공학자들이 배워온 것 이상의 광범위한 스킬이 요구된다.

인터랙션 모델링

책을 통틀어 설명하게 될 소셜 디자인 프레임워크와 더불어 기본적인 상호작용 장르와 유사체를 설명하는 데 도움이 되는 모델을 참고하는 것도 좋다. 해당 모델은 전화와 같은 일반적인 통신 매체에서 시작하여 사용자와 제품 간의 통신을 다이어그램으로 보여준다. 우리는 이러한 통신을 상호삭용자interactant로 부르며, 해당 모델은 책 전체에 걸쳐 이야기와 사례로 확장되어 다루어질 것이다.

이 책은 디자이너로서 우리가 사물들이 마치 인간인 것처럼 상호작용할 수 있음을 이해한다는 전제를 토대로, 상호작용형 제품 디자인에 어떻게 접근해야 하는지를 이야기한다.

수속 접근법

제품 개발 프로세스에서 포화될 소셜 디자인의 필요성을 개발의 초기 단계에서 이해하는 것은 간단하지만, 디자인 프로세스의 많은 고려 사항과 그와 관련된 다양한 분야의 특성을 감안할 때 상호작용 지능을 실제로 구현하는 것은 복잡한 작업을 수반한다. 소셜 디자인은 일러스트레이션illustration 형태나 3차원 렌더링rendering으로 계획한 구성을 그리는 것보다 훨씬 더 복잡해서 제품의 껍데기에서부터 "영혼"까지, 즉 제품이 인간과 함께 행동하고, 인간에게 반응하며, 인간과 관계하는 전체적인 방식을 고민할 필요가 있다. 이처럼 많은 요소를 동시에 고려하는 것은 소셜 디자이너로서 도전이며, 제품의 물리적 특성(실재감)과 함께 시작하여 제품의 목적을 매핑하는 것과 제품의 동적 행동(표현 또는 표정을 활용한 커뮤니케이션)을 고려하는 것, 인간과의 대화 계획(상호작용)을 세우는 것, 위치나 타이밍, 심적 상태(맥락)에 대한 민감도를 유지하는 것, 관련 제품과 서비스의 더 큰 네트워크(에코시스템)에 배치하는 것이 전체론적인 방식으로 제품을 구상하는 데 도움이 되는 방법이라 할 수 있다. 이 엄청난 작업에는 스케칭sketching, 스토리보딩 storyboarding, 롤 플레잉role-playing, 물리적 프로토타이핑physical prototyping, 기술적인 실험과 기타 여러 가지 동시적인 활동이 포함된다. 팀을 소셜 디자인의 핵심 아이디어에 정렬시키고 집중시키는 일은 복잡하지만 필수적이다.

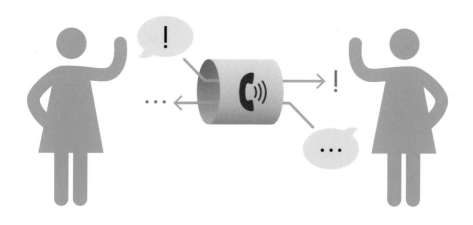

그림 2-2 개인 간 전달자로서의 제품

그림 2-2는 두 사람이 전화로 실시간 대화를 나누는 모습을 도해화한 것이다. 전화는 사회적 매체, 즉 소셜 인터랙션이 일어나는 통로의 기능을 한다. 메시지는 두 사람 사이의 의사소통으로, 한 사람이 말하는 것을 다른 사람이 들을 수 있도록 정확하게 복제하여 말을 그대로 전달한다.

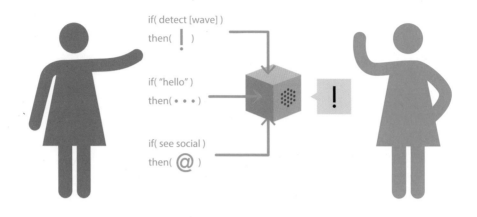

그림 2-3 내장된 메시지의 전달자로서의 제품

디자이너가 전자레인지를 상호작용형 객체로 만들었다고 가정해 보자. 그림 2-3처럼 디자이너에 의해 프로그래밍된 메시지들이 사용자가 상호작용할 때 적당한 타이밍에 전달되도록 제품 속에 내장된다. "타이머를 종료합니다." 또는 "요리 준비가 완료되었습니다."와 같은 음성 메시지를 예로 들 수 있겠다. 마이크로파는 최종 사용자end user에게 소셜 메시지와 반응을 전달한다. 이것은 사람이 보내는 메시지가 아닌, 디자이너가 마이크로파를 통해 일련의 예상된 상황에 대한 반응으로 보낸 메시지다. 그리고 사용자는 이것을 기계가 생성한 메시지로 인식하는 것이다.

그림 2-4 독립적인 사회적 개체로서의 제품

보통 사람들은 제품 그 자체를 사회적 개체로 인식한다. 최종 사용자는 제품과 직접적으로 소통하게 되는데, 그들이 제품을 사용하면서 만족감 혹은 불쾌감을 느끼게 된다면, 그러한 느낌은 제조사나 디자이너가 아닌 제품에 대한 것인 경우가 많다. 이런 현상은 고도의 반응성을 가진 연결형 제품 및 대화형 에이전트가 발전함에 따라 더욱 빈번히 발생하고 있는데, 사실 이것은 특정 수준에서 사람들이 항상 제품에 관여해오던 방식이다.

소셜 디자인 프레임워크는 가장 물리적인 측면에서 시작하는 수속형 구조nested sturcture와 각각의 상호적 요소 위에 복잡성이 증가하는 형태로 구축된 층을 사용하여 다양한 측면을 전체적으로 구상하도록 한다. 이 책의 다음 장에서는 제품의 물리적 존재 또는 로봇 공학자들이 체현embodiment이라고 부르는 것에 의해 촉발된 제품 비전의 첫 번째 단계를 다루고, 프레임워크가 핵심적인 설계 활동과 어떻게 관련되는지 탐구하고자 한다.

제품이 가지는
실재감의 중요성

나는 엄마를 너무나도 사랑하지만, 오랜 시간 이어져 온 엄마의 전화 패턴은 나에게 상당한 스트레스를 주었다. 당시 20대였던 나는 집에 돌아오면 곧장 엄마로부터 온 여러 통의 음성 메시지를 확인해야 했다. 보통 "엄마가 한 시간 전에 전화했었는데 왜 아직 답이 없니?"와 같은 내용이었다. 휴대전화가 보편화되던 시절인 1990년대에는, 하루에도 여러 번 엄마와 통화해야 했다. 약 8년 전, 결국 나는 엄마에게 아이맥을 선물하면서 이메일과 인터넷의 개념을 설명할 수 있었다. 엄마는 사용 방법을 꼼꼼히 살펴보며 이 새로운 첨단 세계에 완전히 빠져들었고 브라우저, 웹 서핑, 뉴욕 타임스의 비디오 기능 등을 빠르게 익혀 나갔다.

그러나 몇 년이 지나지 않아 엄마에게 치매 증상이 나타나기 시작했고, 서서히 컴퓨터 사용 능력을 상실했다. 이메일 작성이나 브라우저의 링크를 클릭하는 일도 그녀에게 어려운 도전이 되어 버렸다. 현재 고령인 엄마는 휴대폰의 전화번호를 누르는 것조차 어려워한다. 나는 엄마와 함께 이런 어려운 순간들을 맞닥뜨리게 되면서, 그간 디자이너로서 인지 장애의 관점을 전혀 고려하지 못했음을 깨닫게 되었다. 현재의 엄마에게 방 안에서 만질 수 있으며 실재하는 사물에 대한 욕구는 필연적인 것이었다.

코로나 팬데믹으로 인해, 생활지원 시설에 계시던 엄마와의 병문안이 금지됐었다. 시설에서는 곧 아이패드를 구입했고, 나는 엄마를 담당하는 사회복지사를 통해 아이패드로 엄마와 영상통화를 할 수 있게 되었다. 그러나 이마저도 자주 하기는 어려웠다. 현재 엄마의 모든 상황을 고려했을 때, 영상통화를 용이하게 해주는 로봇 제품이 있다면 매우 의미 있겠다고 생각했다. 노인을 위한 로봇 엘리큐 ElliQ라는 제품에 관심을 가지게 된 것도 이 때문이다.

엘리큐는 물리적 제품physical product으로, 태블릿 컴퓨터 옆 플랫폼에 자리한 로봇 헤드라고 정의하면 거의 정확하다. 탁자 위에서 바쁘게 움직이는 램프를 상상해 보자. 말하고, 고개를 끄덕이고, 빙글빙글 돌거나 불을 밝힐 수도 있다. 그러나 이러한 묘사는 나 같은 로봇 마니아에게도 말도 안 된다는 느낌을 준다. '엄마랑 대화 좀 하겠다고 로봇 헤드를 사용해야 하나? 작위적이고, 터무니없지 않은가? 무엇보다도 너무 비싼데?'라며 마음속에서 소리치는 것이다. 그러나 편견을 제쳐두고 순전히 그 상황의 핵심적인 필요만을 살펴본다면, 얘기는 달라진다. 내가 바라보는 엄마는 가족과의 소통이 절실히 필요하지만 태블릿의 인터페이스를 성공적으로 탐색하는 것에 대한 인지적 장애를 극복할 수 없는, 고립된 노인이었다. 제조사는 엘리큐를 "노인들의 일상생활 속 친절하고 지적이며 호기심 많은 존재로서, 삶의 여정에 헌신적인 도우미 역할을 합니다. 노인들을 위해 구석에서 조언을 제공하고, 질문에 답하며, 필요한 제안을 하여 그들을 놀라게 한답니다."라고 설명한다. 전화가 오면, 로봇 헤드에 불이 들어오고 "친구 에스더로부터 영상통화가 왔습니다. 그녀와 이야기할 준비가 되었나요?"라고 말한다. 그러면서 태블릿으로 주의를 끌게 하기 위해 그쪽으로 돌아서서 대답을 기다리는 것이다. 만일 무시하면 "에스더가 여전히 연락을 시도 중입니다. 지금 태블릿 앞에 앉아서 이야기하시겠습니까?"라고 말하며 주의를 다시 환기시킨다. 엘리큐는 사람의 반응을 이해할 수 있다. 또한 로봇 헤드 뒤에서 동작 중인 소프트웨어 엔진은 그 사람의 전반적인 건강 상태에 대해 더 많이 이해하기 위해 지속적으로 수많은 요인을 고려한다.

가령, 매우 사교적인 사람이 전화를 여러 번 거절하는 반응을 나타낸다면 그것은 진료가 필요한 상황임을 뜻할 수 있다.[1]

엘리큐는 능히 해낼 수 있지만 수많은 다른 앱과 소프트웨어 제품이 결코 달성할 수 없는 것이 있다. 그것은 바로 인터랙션 디자이너가 '체현'이라고 부르는 능력이다. 이는 단어의 의미 그대로 소프트웨어 에이전트software agent에 물리적 실재감physical presence('몸체'라고도 할 수 있다)를 제공하는 것을 뜻한다. 체현은 아래와 같은 다양한 이유로 충분한 가치를 지닌다.

- 전화의 수신기와 같이 작업과 관련된 주요한 물리적 기능을 제공한다.
- 체온계를 이마에 올려야 하는 등의 인체와 관련된 사항을 처리한다.
- 열쇠나 우편물을 담아두는 그릇을 출입구에 두는 것과 같이 방 안에서의 위치에 따라서 상징적인 가치를 표시한다.
- 여러 개의 의자와 마주 보는 위치에 있는 강연대처럼 다른 물체와 근접하게 위치할 수 있다.

실재감이란 무엇인가?

모양, 색상, 실내에서의 위치 그리고 실체적 요소가 나타내는 효과 등 제품의 물리적 실재감을 고려하는 것은 디자인의 필수적 요소이며, 제품의 맥락을 개발하기 위한 프레임워크의 핵심이다. 다른 모든 형질은 이러한 기반 위에 만들어지는 것이다.

상호작용형 객체 디자인 분야에는 실재감의 의미와 응용을 탐구하기 위해 조직된 연구 활동이 있다. TEI(Tangible, Embedded and Embodied Interaction)라는 학술대회로, 분

야 전문가들이 1년에 두 번 모여서 지식을 공유하는 자리다.[2]

그림 3-1 소셜 디자인 프레임워크의 첫 번째 원주 - 실재감

인튜이션 로보틱스Intuition Robotics와 같은 기업이 엘리큐 제품의 체현(플라스틱 부품, 모터, 조명, 기타 전자 부품) 개발에 투자하는 이유를 보다 명확하게 이해하기 위해서는 우리의 인터랙션 모델interaction model을 되짚어 볼 필요가 있다. 나의 엄마와 전화기, 컴퓨터와의 관계에 대해 생각해 보는 것이다. 꽤 오랫동안 엄마는 전통적인 모델, 즉 전화를 매개체로 하는 것에 익숙해져 있었지만, 이제 추가적인 대응 전략이 필요하게 되었다. 이때 엘리큐와 같은 인터페이스 제품이 도움을 줄 수 있다. 의사소통하는 수단으로 거쳐야 하는 또 다른 인지적 개체를 찾기보다는, 엄마가 직접 의사소통할 수 있는 대상으로서의 역할을 해 주는 것이다.

그림 3-2 인튜이션 로보틱스의 개인용 비서, 엘리큐

엘리큐는 점점 더 가상화되는 사회에서, 엄마가 가족과 소통하며 지내는 것과 세상으로부터 완전히 고립되는 것 사이의 모든 차이를 만들어낸다. 또한 복약 알림, 일정 짜기, 메시지 작업이나 스트레칭 및 산책 권장 등의 추가적인 기능을 제공한다. 이는 최대한 매끄러운 상호작용을 가능하게 하는 엘리큐의 물리적 실재감에 의해 가능해지는 것이다. 엘리큐는 엄마가 통화를 하기 위해 번호를 입력하거나 버튼을 누르거나 안내 메시지에 따르지 않고, 이미 익숙한 일반적인 방식의 사회적 상호작용(누군가 엄마에게 말을 걸고 엄마는 대답하는 식)에만 의존할 수 있도록 한다.

이는 우리가 전화와 상호작용하는 평상적인 방식과 같다. 우리가 쉽고 당연하게 여겼던 전화를 걸고 받는 동작도 인지 장애를 가진 이들에게는 큰 어려움으로 느껴질 수 있다. 사용자가 기기와 직접 상호작용하도록 함으로써, 우리는 전화를 걸고 받아야 하는 행위적 필요성을 제품 상호작용으로 변환하는 데 소요되는 인지적 부담감을 제거한다. 이로써 제품 사용자는 자신이 익숙한 소셜 인터랙션 행동에 의지할 수 있게 된다.

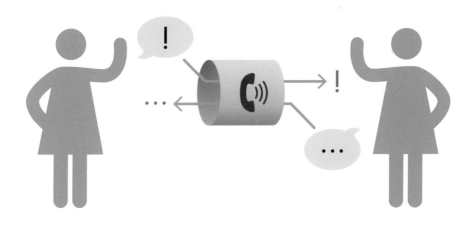

그림 3-3 개인 간 전달자로서의 제품

그림 3-4 독립된 사회적 개체로서의 제품

이 글을 쓰는 시점까지 엘리큐는 아직 시험 중인 제품이라 엄마와 함께 사용해 볼 기회가 없었지만, 나는 이 제품이 철없는 사치 아닐까 하는 생각을 버리고 팬데믹 기간 동안 그녀가 사랑하는 사람들과 소통을 유지할 수 있는 마지막 기회의 빛을 제공한다는 가치에 초점을 맞추기로 했다.

제품 의미론

"X의 가장 중요한 부분은 나타나는 것이다."라는 널리 알려진 진언이 있다. 여기서 X는 육아, 성공적인 학교 생활, 전문 분야 네트워크 구축 등 다양하게 적용될 수 있다. 진부하긴 해도, 인생은 끊임없는 도전이라는 측면에서 봤을 때 대체로 맞는 말이다. 프로덕트를 놓고 봐도 마찬가지다. 프로덕트의 실재감은 사회적 행위자로서 그들의 활약에 큰 역할을 한다. 이는 그들의 총체적인 실재감(예술가들은 이를 게슈탈트gestalt라고 부른다)뿐 아니라 사물의 디테일을 포함한다.

소셜 제품과의 상호작용에서 실재감이 가지는 뉘앙스를 그려보기 위해 앞서 소개한 도어맨 이야기로 돌아가 보자.[3] 방문객이 수고롭게 힘들이지 않도록 물리적으로 문을 열어주는 것 외에도 그의 실재감은 여러 가지 역할을 한다. 도어맨의 제스처는 방문객들이 올바른 장소에 도착했음을 알리고, 그들이 환영받고 있다는 느낌을 받게 한다. 거주민의 경우, 일상에서 도어맨과 상호작용하는 것을 통해 거주지의 고급스러움을 상기하게 되고, 궁극적으로 건물의 브랜드 자체가 강화된다. 또한 침입자들에게 도어맨의 실재감은 제지하는 것으로 작용한다. 모든 도어맨이 건장한 타입은 아니겠지만, 그들의 존재는 사람들에게 그들이 비즈니스를 의미한다는 것을 알린다. 그리고 침입자들에게는 그들로 인해 어려움을 겪게 될 것이라는 메시지를 전달하는 것이다. 마지막으로 도어맨의 부재는 일하는 시간이 지나서 문이 닫혔다는 메시지를 전달할 수 있다.

제품의 물리적 형태가 수행하는 의사소통이 암시적이거나, 주의를 기울여 읽히지 않는다 하더라도 그것은 강력한 방식으로 소통할 수 있다. 도어맨 예시와 마찬가지로 공항 키오스크는 여행 날 항공사와 나누는 첫 상호작용이 될 수 있다. 키오스크의 역할은 사람들이 비행기 탑승 수속을 돕는 것이다. 그러나 탑승 수속 과정에 이르기도 전에, 키오스크의 존재는 여행객들에게 여행 정보에 접근할 수 있을 것과 데스크 앞에 줄 서서 도움을 기다리는 다른 승객들보다 속도가 더 빠를 것이라는 믿음을 준다. 키오스크는 일반적으로 강한 실재감을 갖도록 디자인되었고, 멀리서 알아볼 수 있으며, 어깨 높이만큼 곧게 서 있고, 스크린이 위를 향하고 있어 편안한 시각 확보가 가능하다. 키오스크는 개인 프라이버시를 위해 서로 적절한 간격으로 떨어져 배치되어 있다. 각각의 측면은 제품의 실재감이 사람과의 교류에 얼마나 영향을 미치는가를 민감하게 고려하여 신중히 디자인된다. 키오스크는 항공사를 대표하는 역할을 하기 때문에 우아하거나, 키가 크거나, 가늘거나, 귀엽거나, 건장하거나, 동그랗거나 또는 그 어떤 형태를 띠고 있다 해도 적정한 브랜드 가치brand value를 전달할 수 있어야 한다. 또한 소외감과 고립감을 느끼게 하는 압도적인 공항 환경이라는 맥락 속에서 편안한 실재감을 제공할 수 있어야 할 것이다.

디자이너는 제품를 만들 때 형태와 색상, 재료의 선택을 통해 제품 가치의 중요한 특성을 의도적으로 전달함으로써 개성을 만들어낸다. 이러한 디테일들은 일반적으로 버튼, 손잡이 또는 다이얼 등의 조작법에 관한 단서를 포함한다. 또한 사용 환경의 어디에 배치되어야 하는지, 어떤 기억이나 감정을 불러일으키도록 의도된 것인지 등도 포함될 수 있다.

이러한 비언어적 디자인 언어는 제품 의미론product semantics이라고도 불린다. 제품 역할의 여러 가지 측면을 사람들에게 전달하기 위해 의도적인 형식적 특질을 부여하는 것을 뜻한다.

디자인 이론가 클라우스 크리펜도르프Klaus Krippendorff는 제품 의미론을 이렇게 정의했다. "산업디자인에서의 활용과 적용이라는 맥락에서 인간이 만든 형태의 상징적 특성에 관한 연구다. 이것은 물리적, 생리적 기능뿐 아니라 우리가 상징적 환경symbolic environment이라고 부르는 심리적, 사회적, 문화적 맥락까지 전부 고려하는 것이다." 그리고 그는 이렇게 설명했다. "디자이너는 사용자에게 제품의 상징적 특성에 대한 메시지를 전달하는 역할을 담당할 수 있다. 저널리스트가 그들의 어휘로 정보성 메시지를 만드는 것처럼, 디자이너 역시 마음대로 부릴 수 있는 형태의 레퍼토리를 가졌다. 디자이너는 해당 레퍼토리를 활용해 필연적인 의미를 가진 부분의 합을 전체가 나타내는 의미로 해석될 수 있게끔 하거나, 성공적인 커뮤니케이션을 가능하게 함으로써 수신자가 사용할 수 있는 일종의 합의점을 만들어낸다."라고 설명했다.[4] 여기서 한 단계 더 나아가 디자이너를 편집자라고 보면 어떨까? 다양한 형태의 의사소통 가능성을 이해하고 당면한 상황에 가장 적합한 방편을 선택하는 역할을 수행하는 것이다.

프로덕트를 구상할 때 소셜 디자인을 적용하는 것은 사람들이 개체와 상호작용하는 방식에 대한 중요한 실마리를 제공하기 위해 형식적이고 역동적인 표현 특성을 사용하는 일이다. 제품 형태의 특성이 사용자로 하여금 제품이 텍스트, 그래픽 또는 제스처를 알아본다고 믿게 하거나, 심지어 말을 걸어도 응답해 줄 것 같은 느낌을 갖게 하는 것이다. 상호작용하는 방법과 시기에 대한 기대를 명확하게 표출하는 형태를 디자인하는 것이 가장 원활한 소셜 인터랙션을 가능하게 하는 일이다.

내 주머니 속 플립 미노

스마트 디자인에 근무하면서 가장 즐거웠던 것 중 하나는 트렌드를 거스르며 성공적인 디자인을 추구하는 사내 문화였다. 이것의 한 예는 스마트폰 이전의 플립 미노 HD 카메라Flip Mino HD camera로, 커다란 빨간색 버튼이 달린 포켓 크기의 비디오카메라였다. 해당 제품의 디자인 전략을 세울 때, 나의 동료들은 스포츠 경기부터 가족 파티, 아기의 첫 걸음마까지 비디오 촬영의 모든 경험에 대해 깊이 생각했다. 다른 제조업체들이 한발 앞선 성능(고해상도, 다양한 파일 형식, 특수 렌즈 구성 등)을 가진 비디오카메라를 개발하는 데 자원과 시간을 쏟아붓는 동안, 그들은 반대로 사용자에게 더 적은 기능을 제시했다. 그들의 연구에 따르면 당시의 제품들은 사용하는 데 여러가지 결정이 필요한 '비교적 버거운' 카메라였다. 사용자들은 해상도, 조명 설정, 파일 형식, 촬영 모드 등을 일일이 선택해야 했다. 그것은 바로 초경량의 슬림한 막대 모양의 캠코더로, 커다란 빨간색 버튼 하나만으로 컨트롤이 가능했다. 사용하려면, 전원을 켜고 녹화 시작 및 중지를 위해 그저 빨간색 버튼만 누르면 된다. 비디오를 컴퓨터에 다운로드하는 것 역시 비슷하게 간결한 과정을 거치면 됐다. 케이블 커넥터를 찾아 헤매는 대신 내장된 USB 플러그를 뽑아 장치에 내장된 소프트웨어를 통해 컴퓨터로 파일을 쉽게 보낼 수 있었다.

아이들의 장난감처럼 보일 것 같던 이 비디오카메라는 완전히 새로운 장르의 제품을 만들어낸 듯이 폭발적인 반응을 얻으며 엄청난 성공을 거두었다. 경쟁업체들이 서둘러 제품의 물리적 스타일과 전체적인 구조를 모방했지만, 플립 미노는 수년 동안 유사 제품군에서 승자로 군림했다.

플립 미노 제품의 물리적 실재감은 핵심 고객의 니즈를 충족하는 매끄러운 경험을 제공했다. 내구성이 뛰어나 재미있는 장면을 촬영하고 공유할 때 바로 꺼내 쓸 수 있도록 주머니에 넣고 다니기 좋았다. 또한 빨간색 버튼의 거침 없는 작동은 훨씬 순발력 있는 촬영을 가능하게 했다. 소셜 어포던스의 관점에서 이 빨간색 버튼은 보철물과 같은 역할을 한다고 볼 수 있다.

플립 미노 제조사였던 퓨어 디지털Pure Digital은 이후 시스코Cisco에 인수되었고, 스마트폰의 비디오 기능이 플립 미노의 성능을 따라잡으면서 제품은 단종되었지만, 해당 디자인의 성공은 제품의 기본 아키텍처에 대한 주요한 결정이 제품의 전반적인 상호작용에 얼마나 심오한 영향을 미칠 수 있는지를 강조하는 교훈을 남겼다.

프로덕트의 스토리와 캐릭터

최신 스마트 제품에 대한 뜨거운 관심은 대부분 세탁기의 알람 소리나 전자레인지의 디스플레이와 같은 표출 행위(출력 인터페이스)를 중심으로 일어나고 있지만, 이들의 사회적 본질은 본능적이고 물리적인 형태에서 시작되며 이는 제품의 탄생을 이끄는 주요한 전략에 의해 결정된다. 디자이너들은 일반적으로 이러한 전략을 프로덕트 스토리product story라고 부른다. 프로덕트 스토리는 형태와 재료를 통해 강력하게 표출되고 그것이 비록 암시적이라서 의식적으로 읽히거나 해석되지 않더라도 소리, 빛, 음성과 문자 메시지, 움직임을 통해 강화된다.

사이먼 로봇의 스토리를 예로 들어보자. 사이먼은 사람들에게 도움을 주는 조련 가능한 조수로서, 인간 답지만 동시에 로봇답기도 한 존재이다. 사이먼은 학습에 초점을 맞춰서, "컵이란 무엇인가?" 또는 "어느 색이 빨강인가?"와 같이 매우 기초적인 것들부터 학습시켜야 한다는 사실을 드러내기 위해 유아 미학적으로 디자인되었다. 이는 장난감 같은 단단한 플라스틱 껍데기와 기하학적인 형태, 그리고 큼지막한 머리와 눈을 통해서도 드러난다.[5] 스토리는 본질적으로 존재와 연관되어 있으며 디자인 결정을 도와주는 개념적인 리트머스 시험지가 될 수 있다. 우리는 사이먼에 머리카락을 붙이면 어떨까 고민했었으나, 의미론적으로 로봇 머리가 연상되고 아이가 착용할 것 같이 생긴 헬멧과 같은 구조로 최종 결정했다.

훌륭한 팀은 스토리 개발에 신경쓴다. 디자인 결정이 프로세스 시작부터 제품 개발 과정 전반에 걸쳐 일관되게 정렬될 수 있도록 하여, 캐릭터의 느낌을 구축하는 것이다. 프로덕트 캐릭터product character를 정의하는 것은 소셜 프로덕트 스토리의 핵심이며, 설계 과정의 후단에서 동적 특성의 세부 사양에 대한 디자인 결정을 내리기 위해 활용될 수 있다.

사회적 역할을 통해 사물의 핵심에 접근하기

주변 사물에서 실재감의 가치를 따져보면 특정 형태를 통해 의미를 전달하는 방식이 얼마나 중요한지 알 수 있다. 그러나 더 깊이 생각해 보면 진정한 감정적 가치는 사물이 우리 삶에서 맡고 있는 사회적 역할social role을 살펴보는 데에서 나온다. 예를 들어 우리는 옷징을 리폼하고자 할 때, 사이즈 측정을 위해 눈금이 명확하고 작업이 완료되면 몸체 안으로 쏙 들어가 콤팩트해지는 줄자를 즐겨 사용한다. 그러나 그와는 달리 주머니에 튼튼한 줄자를 꽂고 거리를 걸어갈 때 줄자의 반짝이는 크롬과 진지한 그래픽이 전문적인 느낌을 좋아할 수도 있다. 또는 가장 존경하는 가구 제작자였던 사촌이 나에게 물려주었기 때문에 그것을 좋아할 수도 있다. 제품을 만들 때 인간과 제품 사이의 강력한 연결을 구축하는 데 필요한 복잡한 감정을 모두 서술할 수는 없지만, 최고의 디자인은 연결 잠재성에 대해 가능한 깊고 많은 이해 요인들을 다 동원해 보는 것에서 비롯된다.

사례 연구: 네스트 실외 카메라

때때로 프로덕트의 캐릭터는 주어진 역할의 자연스러운 부산물로 쉽게 나타난다. 예를 들어, 구급차는 혼잡한 거리를 이동할 때 주의를 요구하고 심각성을 표현할 필요가 있다. 구급차의 캐릭터는 공격적이고 진지하며 권위적일 것이다. 한편, 사무실에 있는 보안 로봇은 사무실의 적대적인 분위기에 기여하는 것을 피하기 위해 자신에게 이목을 집중시키는 상호작용을 스스로 제한하면서 많은 사람과 일상적인 방법으로 상호작용할 수 있어야 한다. 해당 로봇의 캐릭터는 무던하고 체계적이며 나서지 않는 것이다. 이 책을 위해 연구하는 동안 내 친구이자 전 동료인 로키 제이콥Rocky Jacob은 물리적 속성을 통해 디자인의 캐릭터를 제어하고자 했던 그의 시도에 대한 일화를 나와 공유한 적이 있다.

그림 3-5 네스트 실외 카메라

네스트Nest 기업의 디자인 책임자인 로키와 그의 팀은 새로운 실외 카메라 모양과 느낌을 재구상하는 업무를 맡게 되었다. 오래지 않아 그들은 '보안'을 보다 위협적이지 않게 보이도록 친근한 느낌으로 만드는 것을 주요 패러다임으로 삼게 되었다. 그들은 고객에게 기기가 가정을 안전하게 보호하고 원활하게 작동하기 위해 열심히 노력하고 있으며 돔 형태의 온도 감지기와 납작한 연기 검출기, 실내 카메라와 같은 자사의 다른 제품군에 잘 합류하게 될 것이라는 차분한 확신을 제공하고자 했다. 로키는 햇빛의 영향을 최소화하기 위해 카메라를 엄격하고 무서운 보안 카메라의 전형적인 모양과 닮은 덮개 형식의 공학 사양으로 만들어야 했다.

로키는 실외 카메라의 보호 덮개가 사람들로 하여금 법적 조치 또는 범죄에 대한 두려움을 떠올리게 하는 지나치게 심각한 캐릭터를 만들어 낼 것이라고 생각했다. 그러나 회사는 해당 제품의 스토리가 사전 예방적인 가정용 원격 카메라의 이미지에 관한 것이기를 원했다. 도둑 혹은 출입 금지 표지판보다는 문 앞에 놓인 소포나 애완동물이 뛰어노는 것을 체크하는 것과 같은 친근한 용도를 생각해 볼 필요가 있었다.[l]

로키는 "사람들은 보안 카메라를 '경찰 모자'같은 형태로 인식합니다."라고 설명하면서 카메라 몸체에 붙어 있는 햇빛 가리개를 가리켰다. "물론 햇빛으로부터 카메라 렌즈를 보호한다는 기능적인 목적이 분명히 있습니다. 하지만 전통적인 보안 카메라에 대한 인식을 바꾸기 위한 투자는 디자인 팀이 강력히 바라는 바가 되어 버렸습니다. 우리는 이것이 보안 카메라로 덜 보이게 하는 시각적 요소라고 생각했으며, 카메라는 대부분의 시간 동안 아키텍쳐의 일부로서 한 귀퉁이에 달려있을 것이기 때문에 조금 더 관심이 가고 접근하기 쉽게 만들고 싶었습니다. 그것이 공포의 불빛이 되기보다는, 정원의 생태 관리나 당신의 애완동물이 잘 있는지 살피는 초강력 컴퓨터 화상을 제공하는 사물로 바꾸어 볼 생각이었습니다." 가리개를 없애는 것은 작은 변화라고 볼 수도 있지만, 그렇게 하기 위해 실외 카메라가 마주치는 다양한 조명 조건에서 작동하는 렌즈를 디자인하는 데에는 수많은 기술과 공학적 도전이 필요했다. 그럼에도 불구하고, 이런 노력은 프로덕트의 미학과 캐릭터에 대한 통제력을 유지하는 데 매우 중요하게 작용했다. 결국 네스트의 전체 팀은 카메라의 '경찰 모자'를 제거하여 초기의 디자인 시안에 비해 훨씬 덜 위협적으로 느껴지고 브랜드와도 잘 어울리는 프로덕트를 만들어 낼 수 있었음을 인정했다.

캐릭터 외에도 프로덕트의 물리적 디자인 결정을 주도하는 많은 기능적 요구

l   Rocky Jacobs, interview by Carla Diana and Wendy Ju, audio recording, NewYork, NY, March 6, 2018.

가 존재한다. 제품에서 만져지거나 잡히는 부분은 갈비뼈나 돌기처럼 손잡이 혹은 표면상의 변화 등의 디테일을 활용하여 비슷하게 표현될 수 있다. 3차원 모양을 만들어 상호작용의 지표로 사용하는 것은 극단적으로 보일 수 있지만, 이러한 형태는 그 존재가 품고 있는 본능적 특성으로 인해 패턴과 같은 평면 형태보다 더 만족스러울 뿐만 아니라 시각 장애가 있는 사람들이 사물을 사용하고 환경을 탐색하는 방법을 이해하는 데에도 도움을 줄 수 있다. "멘탈 모델mental model, 매핑 및 어포던스"의 사이드바sidebar에서는 디자이너가 프로덕트의 디테일을 구상할 때 사용할 수 있는, 인지심리학에서 파생된 몇 가지 툴에 대해 설명한다.

해당 섹션은 우리가 프로덕트와 맺고 있는 전반적인 관계의 세 가지 측면에서 시작해, 사물의 사회적 본질에 대한 몇 가지 핵심 요소를 설명한다. 이는 다음과 같이 정리될 수 있다.

1. **관계적 특성**: 사물은 인간과 제품 사이의 관계에서 어떤 역할을 하는가?
2. **감정적 특성**: 그것을 사용할 때 사물은 어떤 감정을 불러일으키는가?
3. **조건적 특성**: 사물의 다양한 상태가 그것이 인식되고 사용되는 방식에 어떤 영향을 주는가?

관계적 특성

우리가 인지하든 못하든, 제품은 우리의 삶 속에서 하루 종일 사회적 역할을 감당한다. 일부는 다른 것들보다 더 뚜렷하게 그 역할이 드러나기도 한다. 역할을 인정하는 것은 은유로 나타날 수 있다. 사람들이 이미 알고 이해하는 행동을 기반으로 표현과 상호작용(이 내용은 다음 장에 더 자세히 설명하겠다)의 디테일을 안내하는 디자인 스토리를 구축하는 것이다. 제품은 보철물, 도구, 보조원, 이동 수단, 심지어 장소 만들기 등의 역할을 통해 사람들과 교류할 수 있다. 디자이너는 소셜 어 포던스에 의해 제품과의 친밀도가 어떻게 정의되는지를 고려해야 한다. 이러한 제품은 도구 혹은 신체의 확장으로 사용되는 보철물에 더 가까울까, 아니면 사용자를 대신하여 행동하는 대리인에 더 가까울까?

스마트 디자인에서 바닥 청소 로봇을 디자인할 때, 나와 우리 팀은 바닥 청소 로봇이 가질 수 있는 관계적 가치를 인식했다. 가정이라는 친밀한 환경에 새로운 상품의 원형으로 소개된다는 점 외에, 해당 바닥 청소 로봇은 고객들이 자율주행 제품을 처음 접하게 될 가능성이 높았던 시기에 출시되었다. 그 사회적 역할에 대해 생각하면서, 우리는 '비서'와 유사한 장치를 만들기 시작했다. 제품 스토리에 대한 연구를 시작하기 위해, 다음과 같은 사람의 전형적인 서비스 특징을 분서해 보았다.

- 호텔 객실 청소부: 조용하고 성실하며, 대체로 당신과 전혀 교류하지 않는다. 최고의 객실청소원은 그가 처리한 일의 흔적은 발견할 수 있으나 실제로는 만날 수 없는 사람이다.

- 집사: 어떤 상황이든 적절하게 대응하고 순종적이며, 주의 집중에 능하다. 그는 자신이 진정으로 느끼는 것을 드러내지 않고, 대부분의 경우 감정적 반응을 숨기지만 어떤 것을 요청하더라도 모두 편안하게 받아준다.

- 바텐더: 수다스럽고 호기심이 많으며 공감을 잘 한다. 당신이 그를 안 지 5분밖에 안 됐더라도 그는 당신의 가상 친한 친구처럼 느껴진다.

- 유모: 전통적이고 교육적이며 규칙을 준수한다. 당신은 그녀와 함께 있을 때

안전하다고 느끼고, 만약 당신이 그녀가 설정한 한계를 넘어서면 그녀가 당신을 바로잡을 것임을 알고 있다.

그런 다음 여기서 도출된 정확하고 근면하며 지적이고 겸손하지만 장난기 많은 특성을 사용해서 월러스와 그로밋Wallace and Gromit에 나오는 반려견 그로밋으로 인터랙션을 모델링했다.

감정적 특성

우리가 마주치는 모든 것은 그 영향력에 다소 차이가 있다 하더라도, 우리에게 감정적 의미를 가진다. 감정적 의미의 렌즈로 제품을 바라보는 것은 지나치게 감상적으로 보일 수 있지만, 사물은 다양한 이유로 사람들에게 엄청난 의미를 전달한다. 전등 스위치 같이 평범해 보이는 것도 디자인의 뉘앙스에 따라 힘을 제공하거나 누군가를 취약하게 만들 수 있다. 예를 들어, 오븐의 유일한 목적을 음식을 데우는 것으로 볼 수 있지만, 오븐의 모든 세부사항은 인간과 제품 사이는 물론 사람과 주변의 다른 사람들 간 사회적 교류를 위한 기회 요인이 되기도 한다. 레스토랑의 주방을 참고해서 디자인한 오븐의 노브는 사용자로 하여금 숙련된 요리사처럼 느끼게 할 수 있다. 오븐 문은 실내 장식과 어울리며, 주방을 사람들의 모임 공간으로 사용해도 좋겠다는 생각을 심어준다. 인터페이스의 서체는 1950년대 복고풍 느낌이 나서 할머니가 만들어 주신 맛있는 파이에 대한 향수를 불러일으킨다. 디자이너 및 마케팅 전문가는 이러한 감정적 신호가 얼마나 큰 힘을 갖는지 잘 알고 있으며, 제품 팀의 모든 구성원이 일관성을 유지하려면 사용자에 대한 제품의 감정적 역할이 존재한다는 사실을 인정하고 이를 재고하는 것이 중요하다.

당신이 만들고 있는 프로덕트가 그것을 사용하는 사람에게 어떻게 감정을 불러일으킬지를 고민할 때 고려해야 할 은유적 범주 몇 가지를 들자면 다음과 같다.

- 토템: 힘과 니즈를 충족시킬 수 있는 잠재력을 나타내는 사물이다. 전에 언급한 공항 키오스크는 이러한 역할을 수행하는 장치의 좋은 예이다. 오디오 스피커 역시 토템의 좋은 예이다. 스피커는 소유자에게 자신의 삶에서 음악의 중요성을 일깨워주고, 전통적인 단단한 원목 소재 및 매끄러운 검은색 플라스틱과 같은 디테일이 소유자의 정체성을 강화시킨다.

- 부적: 물리적 인공물physical artifact 너머의 힘과 연결을 제공한다는 점에서 토템과 유사하지만, 일반적으로 더 작고 몸에 부착하거나 착용할 수 있다는 점에서 다르다. 미스핏 샤인Misfit Shine과 같이 손목에 착용하는 활동 추적기는 걸음 수를 세는 기능과 추적 인터페이스에 연결하는 기능을 통해 누군가의 건강을 증진시키는 역할을 헤낼 뿐 아니라 자신의 습관을 조절하는 힘을 상징하는 물건이 될 수도 있다.

- 배지: 정체성을 보강해 주는 제품이다. 스마트키는 문을 여는 기능 이외에 많은 경우 사회적 역할도 담당한다. 우리는 시장을 선도하는 한 개인 제트기 회사를 컨설팅하면서 우리는 많은 비행기 소유주가 엘리트 계층에 소속되는 것을 즐긴다는 사실을 알 수 있었다. 스마트키를 가지고 있다는 것은 사용하는 사람에게 기능적 측면뿐 아니라 다른 사람들에게 이를 드러냄으로써 그들의 정체성을 재확립하는 데 도움을 줄 수 있었다. '집단'이라는 정체성은 많은 종류의 제품에 적용될 수 있다. 물병과 같은 단순한 제품일지라도 그것의 모양과 사용된 재질에 따라 환경 문제에 대한 민감성을 전달하는 집단의 배지 역할을 한다.

- 기념품: 개인에게 다른 사람들을 생각나게 하는 사물을 의도적으로 정의를 내리기는 어렵다. 나는 돌아가신 아버지가 수십 년 전 은퇴하실 때 물려주신

손목시계를 아직도 가지고 있다. '행운을 빌어, 조'라는 문구가 새겨진 1970년대 빈티지 타이멕스 시계는 내가 평소에 입거나 사용하는 다른 어떤 것과도 스타일이 비슷하지 않다. 그러나 이 손목시계는 나에게 엄청난 감정적 의미를 가지고 있기에 의미 측면에서 내가 착용할 수 있는 다른 손목시계보다 우월하다. 사물이 어떻게 개인의 기념품으로서 작용될지를 예측하기란 어렵다. 그럼에도 불구하고 해당 요소는 프로덕트 스토리를 개발할 때 고려해야 할 주요한 범주 중 하나다.

심리학자이자 작가인 미하이 칙센트미하이Mihaly Cskszentmihaly는 인간의 감정과 개인 성취에 관한 책을 여러 권 저술했다. 그는 현대 도시 생활에서 물질적 소유의 의미에 관한 연구인 《The Meaning of Things(사물의 의미)》를 저술했는데, 이는 제품 디자이너들이 연결의 깊이를 이해하는 데 도움을 주는 주요한 참고자료였다.[6] 감정적 의미를 깊이 파고들어 사람과 특정 인공물 사이의 관계를 이해하는 강력한 출발점이 될 수 있는 연구 분야는 사실 따로 있다.[7]

조건적 특성

캐릭터의 조건적 특성은 제품이 꺼짐/켜짐, 절전/충전, 열림/닫힘, 연결/오프라인 등과 같이 여러 가지 다른 상황에 어떻게 반응하느냐에 대한 정의다. 제품의 감정적 측면과 관계적 측면이 프로덕트 스토리의 토대를 마련하는 데 필수적이라고 한다면, 조건적 측면은 스토리가 진화할 수 있도록 하는 특성이라고 할 수 있다. 가능한 조건을 모두 고려하게 되면 캐릭터가 전체적으로 하나의 느낌을 받게 하는 데 도움이 된다. 예를 들어, 토템 기능을 수행하는 공항의 키오스크는 그것이 수면 상태라 하더라도 기본적인 자태 또는 그래픽, 심지어 부드러운 조명을 통해서 그 역할을 계속 수행해야 한다.

제품에 대한 모든 조건적 가능성을 도출하면 프로젝트를 시작하면서 채택할 수 있는 초기 제품 정의product definitions에 많은 정보를 제공할 수 있다. 이때가 기본적인 기능적 요구사항을 배치하는 시기인 동시에, 인간과의 상호작용 과정에서 캐릭터가 처하게 될 모든 상황을 감안하여 캐릭터를 드러내는 데 필요한 행동 방식을 구상할 기회이기도 하다.

전자제품은 고체 형태 외에도 움직임의 결과로 나타나는 빛, 소리, 대체 형상 구성과 같은 동적 특성을 통해 상태의 변화를 나타내는 능력이 있다. 예를 들어, 히타치Hitachi 사의 나오토 후카사와Naoto Fukasawa가 디자인한 진공청소기 콘셉트 모델concept model은, 진공청소기에 먼지가 가득 찰 때까지 내내 꺼져 있다가 비워야 할 때가 되면 배가 꽉 찬 것처럼 중앙에서 불이 들어오는 램프를 가졌다.

먼저 설명한 바닥 진공청소기 디자인 프로젝트로 돌아가 보겠다. 우리는 로봇의 캐릭터 정의를 결정한 후, 상호작용의 극단적인 순간을 확인했다. 로봇이 가장 행복했을 때는 언제인가? 가장 고민되는 순간은 언제였나? 이런 인간 경험의 극적인 순간에 어떻게 반응하는지에 따라 사람의 성격이 드러나는 것처럼 로봇의 성격도 같은 식으로 인식될 것이다. 이러한 캐릭터 정의character definition를 실제로 적용하기 위해 조명 패턴, 사운드 팔레트sound palette와 연출된 움직임을 결합하여 표현 언어를 만들었다. 예를 들어, 진공청소기가 소파 아래 끼이게 되면 배터리가 방전되는 것만큼 고통스러운 순간이 될 것이다. 방의 카펫을 완벽히 청소하는 것은 기쁨의 순간이 될 수 있다. 우리는 로봇이 이런 순간에 무엇을 할 것인지 정확히 정의하고 싶었다. 어떤 소리를 내야 할까? 어떻게 움직일까? 기존 제품을 만들 때 색상이나 재료 전문가와 함께 작업하는 것처럼 여기에서는 사운드 팔레트를 만드는 음악 작곡가와 LED 매트릭스 디스플레이matrix display에 나타내기 위한 사용자 맞춤 글꼴을 만드는 시각 디자이너와 협업했다. 더러운 곳을 지날 때 '냠냠'이라는 단어가 들어간 아이콘이 뜨고, 사람과 마주치면 인사하는 톤으로 "안녕하세요!"라고 말하는 등 우리는 그로밋 캐릭터에 걸맞는 약간의 엉뚱함과 장난스러움을 구축했다. 가구 아래 갇히는 것과 같은 고통의 순간은 그로밋의 방식으로 우아하게 처리되어, 고통을 표현하되 극도의 근심을 나타내는 "안 돼oh no!"보다 "어어Uh oh!"와 같은 어조로 반응하도록 디자인했다. 움직임 역시 이러한 특성에 맞춰서 계획하였는데, 사람을 맞이하는 순간에는 하던 일을 잠시 멈추고 꾸물꾸물 뒤로 물러나는 움직임을 보이도록 만들었다.

사이먼의 귀나 엘리큐의 회전하는 머리처럼 모터가 부품을 이동시켜 제품의 형태를 변형하는 방식을 볼 때, 우리는 상호작용 중에 자세stance를 바꿈으로써 의미 있고 두드러지고 조건적 움직임을 생성하는 방법을 생각해 볼 수 있다. 픽사Pixar의 애니메이터animator이자 로보틱스 컨설턴트인 더그 둘리Doug Dooley는 로봇 구조의 특정 부분을 어떻게 다른 부분과 상대적인 위치에 배치하느냐와 관련해 자세의 중요성을 설명한다. 그는 "로봇이 사람들이 말하는 것에 흥미를 가지는 것처럼 보이기를 원한다면, 로봇은 적극적인 입장을 표하기 위해 화자 쪽으로 몸을 기울일 필요가 있다. 로봇이 당황한 것처럼 보이려면 소극적인 자세로 몸을 기울여야 한다. 때때로 애니메이션 제작자들이 '열린' 또는 '닫힌' 자세라고 부르는 개념이 바로 이것이다."라고 설명했다. 또한 그는 "나는 캐릭터의 가슴을 바깥쪽으로 불룩한 아치형으로 만들거나, 안쪽으로 오목한 아치형으로 만들어 캐릭터의 자신감을 보여준다. 척추의 중심축이 뒤쪽에 있기 때문에 캐릭터가 곧게 서거나 구부정한 정도를 이것으로 조절하기도 한다."라고 말했다.[8]

때때로 사물이 첨단 전자제품이 아니더라도 우리가 그것의 물리적 구성요소와 어떻게 상호작용하느냐에 따라 실재감은 달라진다. 1969년 에토레 소트사스Ettore Sottsass와 페리 킹Perry King이 디자인한 올리베티Olivetti 사의 발렌타인 타자기는 슬림한 윤곽과 대담한 붉은색 플라스틱 쉘plastic shell로 과거 타자기 디자인과는 근본적으로 다른 급진적인 디자인을 선보였다. 해당 제품의 가장 중요한 측면은 기계를 덮는 여행용 커버였다. 타자기를 빼내고 나면, 그것은 바닥에 놓여 즉시 쓰레기통으로 사용되었다. 이 부속품의 존재는 여행 중에 쓰다가 실패한 소설, 시, 편지 등의 초안을 지체 없이 처리하도록 사람들을 독려했다.[9]

사회적 신호와 물리적 구조를 활용한 의사소통

실재감은 제품의 사회적 역할을 전달하는 데 있어서 특히 중요하다. 사회적 상호작용은 많은 경우 잠재성에 관한 것이기 때문이다. 그중에서도 사회적 교류에 대한 이해의 기초가 되는 인간의 상호작용과 관련하여, 우리는 실재감을 통해 사회적으로 가능성 있고 적절한 것이 무엇인지 가늠한다. 예를 들어 파티에서, 어떤 한 사람의 신체적인 실재감은 파티에 입장하는 것을 허용하기나 막을 수 있다. 또한 그곳에서 당신은 방 반대편에 있는 사람에게 크게 고함을 질러 부르는 대신, 그 사람 앞에 천천히 다가서는 물리적 방법으로 당신의 존재를 알릴 수 있다. 이때 위치가 중요하다. 누군가의 뒤에 서지 말고 눈을 마주칠 수 있는 위치에 자리 잡아야 한다. 소셜 인터랙션의 가능성을 나타내는 표현을 추가해도 좋을 것이다. 사회적 상황에서 불편함을 느낄 때, 우리는 주변에 우리의 의지를 나타내기 위해 실재감의 변화를 꾀한다. 우리는 스마트폰과 같은 휴대용 장치를 사용해 고개를 숙이거나 등을 돌리고, 사회적 상호작용에 주의를 기울이기도 한다.

사례 연구: 드러머의 메트로놈 클릭브릭

2015년에 스마트 디자인의 동료였던 테드 부스Ted Booth는 그의 지인이 원했던 제품을 설명한 적이 있다. "저의 지인 콘래드는 전문적인 드러머였습니다. 그는 자신에게 맞는 메트로놈을 찾는 데 어려움을 겪고 있었죠." 이어서 그는 드러머가 밴드 전체의 템포를 설정하고, 때로는 모두가 같은 비트를 느낄 수 있도록 눈을 맞추고 고개를 끄덕이며 사람들을 이끄는 역할을 해내야 한다고 설명했다. "시중에 나와 있는 모든 메트로놈은 사용자가 직접 상자쪽으로 몸을 구부리고 작은 버튼을 눌러야 하는, 다루기가 까다로운 소형 전자기기입니다. 저는 콘래드가 전문적인 연주자로서 그의 존재를 드러내고 연주에 몰입할 수 있도록 돕는 무언가를 디자인하고 싶습니다." 우리는 즉각적으로 팀을 꾸려 작업에 착수했고, 그 결과 드럼스틱drumstick만으로 완벽하게 작동시킬 수 있는 메트로놈인 클릭브릭Clikbrik이 탄생했다. 한번 치면 리듬이 시작되고 다시 한번 더 치면 멈춘다. 템포 변경을 위한 다이얼dial에는 드럼스틱 끝으로 돌릴 수 있도록 움푹 파인 부분이 있다. 드럼세트의 다른 구성품과 같이 스탠드에 나사로 고정할 수 있는 부속품이 있고, 디스플레이는 커다란 LED 조명으로 되어있어 드러머가 앉아 있는 어디에서나 볼 수 있다. 우리 팀은 해당 제품을 프로토타이핑하고 개발하는 과정을 거쳐 특허화 및 제작까지 하는 데 성공했다. 콘래드를 비롯한 그의 동료들은 클릭브릭을 통해 관객과 밴드의 여러 부분을 연결하는 데 매우 중요한 무대에서의 실재감, 즉 드러머로서의 태도와 페르소나를 유지할 수 있었다.[1]

이처럼 인간을 닮은 사회적 신호(클릭브릭의 경우는 작은 상자와 버튼을 가져와서 크기와 모양, 위치를 바꿨다)는 제품에 기능적 이점 없이 비용만 증가시키는 사소한 추가처럼 보일 수 있다. 그러나 한 걸음 떨어져서 소형화와 비물질성이 스마트폰, 스마트 스피커, 스마트 초인종 등 우리가 흔히 스마트라고 부르는 제품에 미치는 영향에 대해 생각해 보면 얘기가 달라진다. 기기를 켜서 상태를 확인하는 것과 같이 간단해 보이는 상호작용이 가지는 복잡성 외에도, 사람들이 고려조차 하지 못하는 수십 가지의 상호작용이 존재한다. 사람들은 카메라와 마이크가 더욱 원활한 제품 상호작용을 위해 사용된다는 것을 안다. 하지만 이런 요소들은 제품을 사용

---

[1]   Edwin Booth, Carla Diana, Michael Glaser, Konrad Meissner, assigned to Clikbrik, LLC, "Contact Responsive Metronome," Patent 15/772517, April 30, 2018.

3장 제품이 가지는 실재감의 중요성   79

하는 사람과 제조자 모두에게 해를 끼치고 있다고 믿는 형태로 숨겨져 있다.

예를 들어, 1세대 아마존 에코Amazon Echo는 눈에 띄지 않고 조용히 있다가 호출될 때만 불이 들어오게 만들어졌는데, 카메라와 마이크가 내장된 장치가 가지는 개인정보 보호 문제에 사람들의 관심이 높아지면서 장치에서 실제 무슨 일이 일어나고 있는지에 대한 사회적 관점의 의문과 우려가 점점 증가했다. 아마존 에코는 알렉사 인공지능 비서의 물리적 체현으로서 작은 원기둥 형태인데, 촉발어 trigger word로 호출될 때를 제외하고는 램프의 불빛이 구석으로 사라지도록 설계되어 있다. 소환되었을 때, 빛나는 링ring 모양의 라이트 위에서 돌아가는 하이라이트 표시를 통해 대화하는 사람의 방향을 가리켜 사람들에게 자신이 적극적으로 듣고 있다는 것을 잘 알려준다. 그러나 대기 중일 때는 사회적 관점에서 자신이 무엇을 하고 있는지 알려주는 역할을 제대로 하지 못한다.

만약 당신이 친구와 함께 방에 들어갔을 때, 이미 그 방에 있었던 누군가가 구석에 앉아 시선을 아래로 내리깔고 당신과 상호작용하지 않는다면 수상쩍다고 느낄 것이다. 당신은 말을 조심하게 되고, 방에 있던 그 사람이 듣고 있는지를 궁금해하며, 그 사람의 의도를 의아하게 여길 것이다.

반대로 만약 그 사람이 책이나 모바일 기기에 몰입돼 있던 당신의 친구나 동료로 확인된다면, 의심을 풀고 필요할 경우 그와 개인적인 정보를 교환할 수 있을 것이다. 일반 제품에 비해 훨씬 더 풍부해진 소셜 어포던스의 혜택을 받을 수 있는 오늘날의 스마트 기기에도 동일한 우려가 적용된다. 가령, 어떤 형태들이 서로 맞절하듯 기울어짐으로써 "머리를 숙이는" 것처럼 보이게 하는 단순한 기능을 통해, 아마존 에코와 같은 제품은 자신이 듣고 있는지 아닌지를 표시하는 데 물리적 실재감을 사용하는 능력을 가지게 된다.

개인정보와 관련된 많은 문제는 형태를 통해 전면적으로 다뤄질 수 있다. 물리적 객체가 가지는 실재감의 특정한 측면은 몇 가지 중요한 상호작용 요소를 전달하기 위해 활용된다. 제품의 전체적인 형태는 방향, 즉 어떤 표면이 위, 아래, 앞, 뒤 등의 역할을 하는지를 보여준다. 이는 모바일 로봇이 어떤 방향으로 이동할 수 있는지, 또는 상호 작용을 위해 스마트 장치에 사용자가 어떻게 접근해야 하는지를 나타내는 데 중요하다. 청각, 시각과 같은 상호작용을 위한 기능은 마이크 구멍의 패턴 또는 카메라 렌즈의 링과 같이 기능의 의미를 구체화하는 물리적 세부 사항의 존재에 의해 전달될 수 있다. 이는 그들이 존재한다는 신호일 뿐만 아니라, 카메라와 상호작용이 필요할 때 사람들이 어디를 봐야 하는지, 실제 음성이 의사소통의 중요한 부분인 경우 어디를 향해 말해야 하는지 등을 알려준다. 카메라 위를 덮을 수 있는 불투명한 차광막을 제공하는 것은 기술적으로 카메라를 키고 끄는 데 필요하지 않지만 개인정보를 보호한다는 메시지를 전달함으로써, 사람들에게 마음의 평화를 가져다 줄 수 있다. 내장 마이크가 꺼져 있다는 것을 가리키는 증거를 제공하는 것은 불가능할지 몰라도, 적어도 켜짐, 꺼짐, 청취 중 또는 대기와 같이 마이크의 상태에 대한 명확한 표시를 제공하는 일은 사용자들로 하여금 마음 놓고 해당 제품을 사용할 수 있도록 한다.

데이터의 사용과 남용으로 기본적인 인권이 쉽게 침해되는 시대에 접어들고 있다. 의도적인 디자인 요소를 통해 제품의 상태와 의도를 잘 전달할 수 있는 방법을 찾는 일은 디자이너에게 그 어느 때보다 더 중요해졌다.

앞의 사례는 제품이 인간과 명시적으로 상호작용하지 않을 때에도 어떻게 사람들이 제품의 사회적 신호를 읽고 사회적으로 반응하는지를 보여준다. 물리적인 구조만으로 분위기가 잡히고 인간-제품 간 관계의 본질이 결정된다. 프로덕트 디자인 프로세스의 초기 단계에서 염두에 두어야 할 몇 가지 핵심 아이디어를 소개하자면 다음과 같다.

- 디자인의 모든 부분, 심지어 물리적 형태에도 사회적 측면이 있다.

- 제품의 아키텍처는 특정 유형의 상호작용을 가능하게 할 뿐만 아니라, 제품 사용의 모든 측면을 안내할 멘탈 모델을 제공하는 일종의 물리적 지침 역할을 한다.

- 디자인 프로젝트의 전반적인 제작 방향을 제시하고 제품의 특성 및 주요 속성을 결정할 수 있는 프로덕트 스토리를 통해, 사람과 제품의 관계가 설명될 수 있다.

- 제품의 디자인은 관계적, 감정적, 조건적 측면의 특징으로 구성될 수 있으며, 강력한 디자인은 이 세 가지 모두를 고려한다.

- 제품 특성이 숨겨지고 내장될 수 있다고 해서 반드시 그렇게 되어야 하는 것은 아니다. 오늘날의 스마트 제품은 마이크 및 카메라 데이터를 입력 정보로 사용하는 것과 같이 중요하지만 형태가 없는 작동 상황을 사용자들로 하여금 이해시키기 위해서는 더 많은 물리적 실재감이 필요하다.

멘탈 모델, 매핑, 어포던스

어떤 사물을 볼 때, 사용자는 사물의 용도를 이해하려고 노력할 것이다. 그것이 얼마나 잘 이해되는지는 사물의 실재감이 가지는 여러 가지 요인에 달려있다. 좋은 디자인을 가진 제품은 굳이 사용설명서를 읽어보지 않더라도, 용도를 직관적으로 파악할 수 있는 제품이다. 이는 엄청난 도전이다. 오래된 다이얼식 전화기를 사용하려는 아이들의 모습만 보아도 상호작용, 특히 주어진 작업을 완료하는 데 하나 이상의 작동을 거쳐야 하는 상호작용에 대해 소통하는 일이 얼마나 어려운 것인지 알 수 있다.

더 넓게 일반화하여 이야기하자면, 제품이 제 역할을 수행하도록 만드는 작업(예: 빵을 굽기 위해 필라멘트 가열하기)은 제품 엔지니어에게 맡겨지겠지만, 사람들이 제품이 그 일을 하게 하는 방법을 이해하도록 돕는 작업(예: 빵이 어디에 들어가는지 분명하게 하는 것)은 제품 디자이너의 몫이다. 제품을 만나기 전에 사람들이 무엇을 알고 무엇을 모르는지를 예측하고, 그들이 제품을 더 잘 알게 됨에 따라 어떤 감각을 가지게 될지까지 고려해야 하는 것이다. 디자이너는 사용자가 제품에 대해 가질 수 있는 멘탈 모델을 계획함으로써 사람들이 제품 기능에 대해 이해하는 방식을 구체적으로 제시할 수 있어야 한다.

멘탈 모델은 제품 개발의 초기 단계에서 강력한 기반을 형성하기 때문에, 팀이 상호작용을 위한 디자인 전략design strategy 구성을 시작하는 데 좋은 출발점이 될 수 있다. 언어적 묘사나 시각적 도표를 통해서 멘탈 모델을 명확하게 표현하는 것은 사람들이 즐겨 사용할 수 있는 무언가를 만드는 데 필수적이다.

멘탈 모델의 두 가지 주요한 요소가 어포던스와 매핑이다. 디자인 커뮤니티에서 어포던스라는 용어는 사람이 제품과 상호작용하는 방법을 알려주는 제품의 특징적 요소를 가리킨다. 《디자인과 인간 심리The Design of Everyday Things》에서 도널드 노먼은 다음과 같이 설명한다. "…시각적인 어포던스는 사물의 작동에 대한 강력한 단서를 제공한다. 문에 설치된 평판flat plate은 밀어낼 수 있다. 손잡이는 돌리고 밀고 당길 수 있다. 구멍은 특정 물건을 삽입하기 위해 존재한다. 공은 던지거나 튕기기 위한 것이다. 자연스럽게 인지되어지는 어포던스는 사람들로 하여금 라벨이나 설명서 없이도 가능한 조치가 무엇인지 파악하도록 한다."[1] 토스트기에서 빵을 내리고 굽는 기능을 시작하는 레버는 보통 아래로 눌러지는 방식으로 설계되며, 레버가 수직으로 움직인다는 것을 말해주는 시각적인 신호를 가진다. 이러한 어포던스는 사용자가 빵을 토스트기에 넣고 레버를 눌러야 작동된다는 멘탈 모델을 구성하는 데 도움이 된다.[II]

매핑mapping은 인간의 제어와 그 결과가 어떻게 연결되어 있는지를 설명한다. 예를 들어, 토스트기의 레버를 아래로 누르면 빵이 기계 안으로 들어가고, 토스트가 완성되어 위로 튀어나오면 레버도 함께 위로 올라간다. 올리면 위로 올라가고, 내리면 밑으로 내려가는 방식의 매핑은 사람들이 토스트기의 내부 구조를 알지 못해도 직관적으로 제품의 작동 방식을 이해할 수 있도록 돕는다.

토스트기 디자인에는 기계의 상태나 설정에 대한 표시를 제공하는 또 다른 기호학적인 측면이 있다. 예를 들면, 레버는 토스터가 빵을 굽는 중일 때 아래에 내려가 있게 되고, 그때 레버의 시각적 위치는 어포던스의 역할을 하지 않는다 해도 최소한 그 상태에 대한 표식으로 존재하는 것이다. 굽는 시간을 설정하는 노브에는 일반적으로 굽기 정도를 나타내는 그래픽 표시graphic indications(숫자, 눈금선, 또는 토스트의 색깔 아이콘)가 매겨진다.

[I]   Donald A. Norman, The Design of Everyday Things (New York: Basic Books, 2002).

[II] Ibid.

4장

커뮤니케이션으로
사물을 표현하라

"아이코!" 우리 집 강아지인 세 살배기 치와와 믹스견 페코리노가 외치는 소리가 들린다. "문 반대편에 누군가가 있어요! 빨리 와보세요!" 영어 단어를 말하지도 않고 나에게 구체적인 지시를 내리지도 않지만 짖는 소리의 음정과 음량, 몸짓, 자세를 통해 이러한 메시지들을 분명하게 전달한다. 나는 강아지가 귀를 쫑긋하는 동작을 정확하게 읽을 수 있고, 현관 밖이나 뒷마당 등 어디에서 활동하는지를 알 수 있다. 또한 강아지의 점프 방식을 통해 그냥 지나치는 사람과 우리에게 볼 일이 있는 사람을 구별할 수 있다. 잠시 지나가는 사람에게는 출입구 옆에서 몇 번 서성거리고 말겠지만, 만약 그 사람이 서서 노크라도 하면 펄쩍펄쩍 뛰면서 야단법석을 떨 것이다.

줄임말을 사용한 의사소통

페코리노와 나는 일종의 줄임말 방식으로 의사소통을 한다고 볼 수 있다. 나는 그가 무엇에 대해 말하고 있는지, 그것이 어디에 있는지, 그것에 대해 어떻게 느끼는지, 그것으로 무엇을 하고 싶어 하는지 바로 알 수 있다. 개는 인간과 함께 하기까지 수천 년 동안 사육되고 길들여져 왔다. 그들은 특히 사람들의 의사소통 신호를 읽고 같은 방식으로 반응하는 데 능숙하도록 진화했다.[1] 이는 마음을 읽는 것처럼 보이지만 실제로는 보디랭귀지다.

우리 집 강아지와 마찬가지로, 제품은 다양한 비언어적 방법으로 자신을 표현할 수 있다. 그리고 디자이너인 우리는 이러한 커뮤니케이션 방식을 활용하여 피드백 및 다른 정보들을 빠르고 직관적으로 제공해야 한다. 이번 장에서는 역동적 제품 특성이 풍부하게 표현되면서도 효율적인 의사소통을 가능하게 하는 방법들을 살피고자 한다.

반려동물의 미묘한 신호를 읽을 수 있는 것처럼, 우리는 제품에서 메시지와 감정을 읽을 수 있다. 대화의 뉘앙스를 인식하고, 활발하게 상호작용할 때 우리는 사물이 살아있다고 느낀다. 세탁기는 문을 흔들어 젖은 옷을 건조기에 넣을 것을 상기시킨다. 로봇 진공청소기는 방 청소를 끝내고는 자랑스럽게 춤을 춘다. 이러한 애니메이션적인 행동들은 우리의 일상에 마법처럼 함께 어우러진다. 우리는 이러한 제품의 행동들을 마치 살아있는 개체에서 나오는 것처럼 해석하려는 경향이 있다.[2]

제품이 점점 더 복잡한 정보를 유통하게 됨에 따라, 복잡한 정보를 빠짐없이 전달하기 위해 음성이나 영상을 활용하고자 하는 유혹이 강해지고 있다. 인간과 제품이 소통하는 가장 좋은 방법으로 종종 '자연어 인터페이스natural language interfaces'라고 불리는 정교한 텍스트나 음성 교류를 생각하는 것이 일반적이지만, 그것이 최상의 선택이 아닌 경우도 많다.

이러한 명시적인 방식의 의사소통에는 우리의 철저한 집중력이 요구되기도 하며, 자동차나 부엌과 같이 주의를 기울일 필요가 있는 환경에서는 훨씬 덜 유용하다. 오늘날 시리는 "오늘 날씨는 …일 것입니다." 또는 "당신은 …인 것 같아요."와 같이 다소 긴 중간 언어를 사용하지만, 정작 인간과 제품의 관계에서 가장 두드러진 면은 빛이 깜빡하거나 일련의 소리, 또는 제스처 같은 움직임과 같이 우리가 완전히 집중했을 때뿐만 아니라 그다지 신경 쓰지 않아도 주변시를 통해서 인지 가능한 종류의 메시지만으로도 소통할 수 있는 찰나적인 텔레파시와 비슷한 방식의 교류이다.

표현이란 무엇인가?

표현은 소셜 디자인 프레임워크에서 두 번째 원주에 속한다. 앞서 3장에서는 제품의 색상, 각 부분의 형태, 전체적인 구조를 통해 표현되는 프로덕트 스토리 등의 측면을 기반으로 구현된 제품의 전체적인 인상, 즉 실재감에 대해 살펴보았다. 소셜 디자인 프레임워크의 다음 단계로 넘어가면서 우리는 물리적 존재를 통해 메시지를 전달하고 주변 사람들과 환경에 반응하는 제품의 능력을 관찰하고, 제품 내부 상태에 대한 중요한 디테일을 명확하게 알 수 있었다. 이번 장에서 우리는 제품의 물리적 형태를 강화하고 변화하는 상황에 맞춰 대응하는 조건적 능력을 최대한 활용할 수 있는 방법을 찾아볼 것이다. 그리고 빛, 소리 그리고 움직이는 행동motion behavior으로 정보를 표현함으로써 확보한 역동적 행동의 소셜 어포던스에 대한 아이디어를 확장하여 제품 디자이너가 사용할 수 있는 표현 방법의 다양한 팔레트를 탐구할 것이다.

그림 4-1 소셜 디자인 프레임워크의 두 번째 원주 – 표현

제품의 보디랭귀지

《Turn Signals Are the Facial Expressions of Automobiles(방향 지시등은 자동차의 얼굴 표정)》이라는 책에서 도널드 노먼은 아래와 같이 설명한다.

얼굴 표정, 몸짓, 몸의 위치는 사람의 내면 상태를 드러내는 신호 역할을 한다. 우리는 종종 이러한 것들을 의사소통 역할을 나타내는 이름인 '보디랭귀지'라고 부른다. 보디랭귀지는 다른 사람의 내면 상태를 보여준다. 볼의 홍조, 찡그림, 찌푸림, 미소는 모두 사람의 내적 상태를 쉽게 인지할 수 있도록 하는 외부 신호가 되어 관찰자가 결정하기 어렵거나 결정 불가능한 것들을 가능하게 한다…자동차의 불빛과 소리는 동물의 얼굴 표정과 유사한 역할을 하여 자동차

내부 상태를 사회적 집단 속의 타인에게 전달한다.[3]

제품 본질의 가장 핵심부에서, 내가 프로젝트를 통해 관찰한 몇 가지 메시지가 시작된다. 제품은 이러한 메시지를 활용함으로써, 정기적으로 사용자들과 소통하려는 경향을 띤다. 그중 일부는 자주 발생하기 때문에 번거로운 내용이 지속적으로 소통을 방해하는 것을 피하기 위해 가능한 많은 줄임말이 필요하다. 표 4-1은 몇 가지 예시이다.

표 4-1 자주 쓰이는 제품 메시지

"살아 있습니다."	코드 또는 배터리를 통해 전원이 연결되었다.
"깨어 있습니다/휴식 중입니다."	대기 모드 상태
"더 많은 정보를 기다리고 있습니다."	작업을 완료하기 전에 서버 또는 다른 데이터 원본에 핑ping을 수행할 수 있다.
"좀 더 정보를 주십시오."	인터페이스 장치를 통해 사용자의 입력을 기다리는 중이다.
"잘 들었습니다."	사용자가 필요한 정보를 입력했는지 확인한다.
"작업 중입니다."	완료하는 데 시간이 좀 걸릴 프로세스가 진행 중이다.
"작업을 완료했습니다."	일련의 작업이 완료되었으며 제품이 새 작업을 수행할 준비가 되었다.
"무언가 이상합니다."	오류가 발생한 경우 또는 센서를 읽지 못하거나, 배터리를 제때 충전하지 못하는 등 정상적인 성능에 영향을 미치는 다른 문제가 있다.
"뭔가 심각하게 잘못됐어요."	수행을 해치는 오류가 발생했다.

로봇 진공청소기의 경우, 이러한 메시지가 핵심적인 메시지 리스트로 보일 수 있다. 그러나 청소 시간을 예약하고 바닥 면적을 확인하는 등의 기능적 니즈, 집 청소가 완료된 순간을 축하하거나 소파 아래 끼어서 구조 요청을 표시하는 것과 같이 정서적 필요를 모두 포함하는 상호작용 과정 에서는 훨씬 더 많은 메시지가 발생할 수 있다. 전달되는 메시지의 어조와 내용은 제품의 인지된 특성에 영향을 미치므로 일관된 느낌을 주는 제품을 디자인하는 데 주요한 요소로 삼아야 한다.

빛, 움직임 그리고 소리

제품이 한층 더 인터랙티브하고 콘텐츠 주도적이게 되면서 알렉사나 시리 등은 필요한 경우 기존의 커뮤니케이션 모드에 음성을 추가했다. 그러나 음성화된 언어도 빛, 비언어적 소리, 움직임을 통해 메시지를 표현하는 개체의 일부라는 이해가 생기면서, 이들도 전체적인 표현에 통합될 필요가 생겼다.

빛

내 아들 마시모가 한 살이었을 때, 마시모는 매일 아침 아기 침대에서 두 팔로 벽을 향해 몸짓하면서, 지금이 오전 7시이고 일어날 시간임을 유아어로 설명했다. 내 아이가 숫자를 인식하고 시계 읽는 법을 일찍이 알았다고 말하고 싶지만, 사실 마시모와 내가 똑같은 빛의 어휘vocabulary of lights를 공유했다고 보는 것이 맞다. 어두운 파란색 육각형은 자야 할 시간이라는 뜻이었고, 밝은 주황색과 노란색 무지개는 일어날 시간임을 의미했다.

마시모 몰래 나는 나노리프 오로라 모듈식 평면 타일로 구성된 조명기구를 필요한 일정에 맞춰 색상이 하루 중 특정 시간에 자동으로 매핑 되도록 프로그래밍

해두었다. 그 결과는 빛으로만 구성된 추상적인 메시지로서 우리 둘만이 이해하는 언어였다. 나노리프의 CEO인 기미 추Gimmy Chu는 내가 가졌던 만족감에 동조하면서, 고객들이 고요한 숲에서부터 활기찬 일출, 으스스하고 어두운 방에 이르기까지 특정 느낌을 연출하기 위해 전면 타일을 환경의 '연장extention'으로 사용한다고 말했다.

사람들은 빛의 변화를 통해 하루 종일 전달받는 직관적인 메시지가 많다는 사실을 자연스럽게 받아들인다. 커피 메이커의 버튼은 빛을 통해 물이 가열되었거나 커피를 추출할 준비가 되었음을 알려준다. 레인지의 불빛은 너무 뜨거워 만질 수 없다는 경고 메시지를 준다. 극장의 점멸하는 천장 조명은 우리에게 휴식 시간이 끝났음을 알린다. 버진 어틀랜틱Virgin Atlantic의 보잉 787 드림라이너Boeing 787 Dreamliner는 장밋빛 호박색에서 밝은 파란색으로 주변 조명이 미묘하게 변하도록 프로그램되어 의식적으로, 그리고 무의식적으로 시간대의 변화를 전달한다.[4]

운전할 때 좌회전, 우회전 표시를 위해 깜빡이 신호를 활용한다. 다른 운전자들도 이 언어를 이해하고 길을 가로질러 어떻게, 어디로 이동할지에 대한 결정의 근거로 해당 신호를 사용한다. 빛은 수기 신호처럼 명시적으로 코드화된 메시지를 전달하기 위해 사용될 뿐만 아니라 뺨이 붉어지거나 눈썹의 주름처럼 내면 상태를 전달하거나 외부 상황에 반응하는, 더 미묘하고 강력한 전달 방법이 될 수 있다. 잘 매핑되면 주의를 끌고 맥락을 설정하며, 메시지를 담아 전달할 수 있다. 멀리서도 잘 보이므로, 머리 위나 방 한구석에 설치하여 한눈에 볼 수 있는 상황 모니터(보안 카메라, 온도 조절기, 와이파이 라우터 등)와 같은 제품에 적합하다. 또한 명확하게 소통할 수 있는 횃불 역할을 하여 공간에서 항상 움직이므로 사람과 멀리 떨어져 있을 수도 있는 로봇 제품에 특히 유용하다.

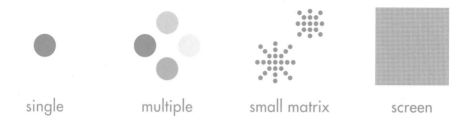

single   multiple   small matrix   screen

그림 4-2 제품의 LED 조명 배치 패턴

    LED의 보급과 함께 마이크로프로세서의 도입으로 램프의 강도와 색상까지 제어 가능해짐에 따라 디자이너가 사용할 수 있는 표현 팔레트가 크게 확장되었다. LED 하나로도 더 복잡하고 정교한 메시지를 전달할 수 있게 된 것이다. 빛의 색상과 강도는 메시지 내용에 디테일을 더해주기도 하고, 일정한 범위에 걸쳐 특정한 값(예: 빨간색이 0%이고 녹색이 100%인 상태)에 매핑되어 정도를 나타내기도 한다. 빛의 위치는 물체의 특정한 일부, 제스처 상호작용, 특징, 또는 물체의 용도와 의미를 전달하는데 필수적인 형상 디테일로 사람들의 주의를 집중시킨다.

    램프처럼 불이 들어오는 인터페이스를 서로 조합하면 강도와 색상의 시퀀스를 프로그래밍하여 매우 표현성 강한 애니메이션을 표출하게 할 수도 있다. 초기 맥북 프로의 전면 표시등은 살아있는 것 같은 강력한 착각 효과를 얻으려고 빛의 밝기가 변하는 간단한 애니메이션을 사용하여 매력적인 표현을 만들어냈다. 부드러운 광채가 컴퓨터 본체를 통해 흘러나왔고, 인간의 호흡을 모방한 규칙적인 빈도로 명암이 서서히 교차하였다. 이 효과는 매우 매혹적이고 직관적이어서 애플은 호흡 상태 LED 표시기breathing status LED indicator라는 명칭으로 특허를 냈다. 이는 컴퓨터가 아직 살아있는, 활성화된 상태임을 알린다. 이를 통해 배터리에 전원이 공급되고 있으며 시스템이 절전 상태에 있다는 것을 알 수 있게 된다.[5]

여러 조명을 함께 연결하면 저해상도이긴 하나 표면의 곡선을 따르거나 제품 내부에서 빛이 스며 나오는 등, 제품의 어디라도 배치할 수 있는 화면을 형성할 수 있다. 조명이 서로 인접해 있을 때, 색상과 강도의 변화는 다양한 메시지를 나타내는 애니메이션으로 읽힐 것이다.

원더 워크숍Wonder Workshop의 로봇 장난감 제품인 대시앤닷Dash and Dot은 빛을 사용하는 면에서 탁월하다. 로봇의 얼굴에 원형으로 배치된 12개의 LED 램프가 외눈과 같은 연상을 준다. 바라보는 방향으로 빛을 돌려 주의를 끌 수도 있지만 변화하는 표현을 하기 위해 밝음에서부터 어두움까지 일련의 빛 변화를 사용할 수도 있다.

그림 4-3 원더 워크숍의 로봇 장난감 제품, 대시앤닷

대시앤닷은 원 둘레에 있는 모든 LED가 빛나게 함으로써 행복한 반응을 전달하고, 슬픔이나 실망의 반응은 원의 아래쪽을 향해 순차적으로 켜지는 불빛을 통해 나타낸다.

제품의 디자인은 전체적인 형태와 빛이 어떻게 그것과 통합될 것인지에 관한 생각을 포함한다. 제품의 특정 부분을 강조하여 그것을 지배적으로 만들 것인가? 즉시 주의를 끄는 날카로운 스포트라이트를 만들 것인가, 아니면 벽, 테이블 또는 다른 표면에 반사되는 부드러운 빛을 만들 것인가? 램프의 크기로 특정 기능을 강조하기도 한다. 전자 발광 패널electroluminescent panel은 빛나기는 해도 빛을 방출하거나 투사하지 않으므로 하이라이트만 필요한 상황에서 유용하다.

빛은 유동적으로 퍼져서 3차원 공간을 채울 수 있으며, 물체 전체의 일정함을 유지하면서 그것이 비추는 물리적 공간의 형상에 따라 굴곡하는 표면을 만들어낸다. 우리가 빛을 써서 디자인할 때, 그저 평평할 수밖에 없는 종이 위에 빛으로 그림을 그린다는 생각보다 형태의 부피를 빼낸 공간negative space을 채워 넣는다고 생각할 수 있다. 볼륨감 있는 조명은 사람들이 들어가거나 피할 수 있는 공간을 떠올리게 하기도 한다. 스포트라이트는 밝음과 색의 기둥을 만들어 특정 영역이나 물체를 강조할 수 있다. 개인 비서 엘리큐 로봇은 머리에 다양한 점멸이 가능한 빛 패턴을 가지고 있어 빛의 반점이나 방사 링radiating ring을 제공한다. 한 팟캐스트 인터뷰에서 인튜이션 로보틱스의 CEO인 도어 스컬러Dor Skuler는 "빛 패턴은 로봇이 언제 말을 하는지, 언제 내가 자기한테 말을 걸기를 기대하는지, 언제 그녀가 듣고 있는지, 언제 생각하는지, 언제 문제에 봉착하는지 등에 대한 아이디어를 사용자에게 줄 수 있는 매우 초보적인 신호다."라고 설명한다.[6] 따라서 이 경우 빛은 변형 가능한 동적 재료 역할을 하여 물체의 전체 모양을 바꿔주고 상황에 적합하게 주의를 환기시킨다.

사례 연구: 글로우 캡스

글로우캡스Glow Caps 약병은 가청 신호와 함께 약을 복용할 시점을 나타내기 위해 빛을 내는 내장된 조명을 사용하여 처방약 준수의 문제를 해결한다. 해당 시스템에는 벽걸이형 플러그인plug-in 조명도 포함되어 있어 알림이 여러 곳에서 동시에 표시된다. 서로 다른 여러 맥락과 발생 가능한 상황을 표시하는 조명을 활용하는 디자인의 좋은 예이다. 이때, 하루 중 약을 복용해야 하는 시간에 맞춰 표시등을 매핑하여 일정을 세팅할 수 있다. 사람들은 보통 약병을 조리대나 탁자 위에 두기 때문에 표시등이 있으면 눈에 잘 띄게 된다. 약병이 보이지 않을 수 있는 경우, 알림이 발생하도록 하는 별도의 플러그인 벽 조명도 있다. 벽 조명과 약병의 조명은 방안의 다른 물건보다 이 물건들에 주의를 집중시킨다. 켜짐 또는 꺼짐 여부에 관계없이 약을 복용해야 하거나 복용할 필요가 없는 상태를 조명의 조건으로 매핑한다. 또한 이 조명은 원래 사용자 알림 서비스를 제공하게 디자인되었지만, 확장된 시스템에서의 역할로 보자면 사용자 알림에 그치지 않고 보호자에게 누락된 복용량missed dose을 알려주기까지 한다. 복약 규정 준수 기록은 백엔드 시스템back-end system을 통해 의료진에게 제공될 수 있다.

빛을 사용할 때 주의해야 할 몇 가지 사항은 다음과 같다.

- "제품의 메시지가 누군가의 주의를 환기시켜야 할 만큼 중요한가?"라는 질문을 하면서 조명을 가급적 적게 사용하라. 너무 많은 물건에 불이 켜지게 되면, 오히려 혼란을 야기할 수 있기 때문이다.

- 빛이 가지는 모든 차원을 활용하라. 빛은 다양한 조도 및 휘도, 색온도와 채도를 나타낼 수 있다.

- 시간 응답을 통해 표면에 애니메이션 효과를 준다. 램프가 하나라면 단순히

깜박일 수 있지만, 나란히 위치한 일련의 조명은 방향을 가리키거나 흥분이
나 평온을 표현하는 것과 같은 많은 메시지를 전달할 수 있다.

- 햇빛과의 경쟁을 조심하라. 야외에서 주로 사용되는 제품에서는 빛이 크게
  부각되지 못한다.

움직임

2015년 테드 피치트리TEDxPeachtree 컨퍼런스 무대에서 안드레아 토마스 박사는
로봇 큐리Curi와의 대화를 소개했다.[7] 나는 사이먼의 '사촌'인 큐리의 겉모습을 동
그랗고 빛나는 귀와 크고 동정심 많은 눈을 가진, 사이먼과 비슷한 구조적 특징을
갖도록 디자인했다. 로봇이 가지는 중요한 과제는 환경을 탐색하고 사물을 적절
하게 다루기 위해 사물을 인식하는 것인데, 강연에서의 데모 모델은 인간과 상호
작용하는 데 있어 관절형 로봇 몸체가 갖는 이점을 확실하게 보여주었다. 단어와
로봇 제스처가 결합하는 힘을 보여주기 위해 안드레아는 로봇에게 로봇 음성으로
"테이블 가장자리에서 17인치 떨어진 녹색 물체가 화분입니까?"라고 묻게 했다.
다음으로 그녀는 로봇에게 같은 관찰을 하도록 유도했는데, 이번에는 팔과 손가
락을 사용하여 가리키면서 더 간단명료하게 "이것이 화분입니까?"라고 질문하게
했다. 이 시연은 움직임이 활용되었을 때 의사소통이 얼마나 더 자연스러워지는
지 보여주었다. 로봇의 정교한 메커니즘이 대단한 사치처럼 보일 수 있지만, 만약
그것이 스트레스가 심한 병원 같은 환경에서 쓰이게 된다면, 위에서 설명한 것과
같은 제스처의 효율성으로 귀중한 시간과 인지에 소요되는 에너지를 크게 절약할
수 있을 것이다.

비언어의 힘: 사람들은 감지된 움직임에 매우 민감하다. 가까운 공간에서 움직
이는 것들은 위협이나 기회를 줄 수 있으므로, 진화론적 관점에서 우리의 감각은

움직임을 알아차릴 수 있도록 미세하게 조정된다.[8] 우리가 말로 하는 대부분의 의사소통은 비언어적 신호에 의해 예측되고 강화된다. 또한 손을 흔드는 것을 통해 서로의 주의를 쉽게 끌 수 있고, 손으로 가리키며 주의를 집중시키고, 고개를 돌리거나 어깨를 으쓱하는 것으로 참여 또는 불참 의사를 표할 수 있다. 움직임은 멀리 떨어져 있거나 시끄러운 환경에서, 또는 다른 언어를 사용하는 사람들 간의 이해를 중재하는 데 도움이 된다.

사실 우리는 보다 암묵적인 움직임과 관련된 신호에 놀라울 정도로 잘 맞춰져 있다. 사람의 자세에서 비롯되어 전달되는 잠재적인 움직임만으로도 친밀감, 편안함, 또는 위협에 대한 우리의 느낌에 큰 차이를 가져온다. 그렇기 때문에 방향성과 같은 형태적 디자인의 디테일이 중요하다. 떨어진 거리가 같다면, 낯선 사람이 우리를 똑바로 바라볼 때보다 우리에게서 등을 돌리고 있을 때 훨씬 덜 경계하게 된다. 지나가는 사람에게 짧은 인사를 하거나, 빈자리에 고개를 끄덕이거나, 문손잡이를 향해 손을 드는 움직임은 앉거나 문을 열어보라는 무언의 제안으로 받아들여진다. 이것은 어떤 의미에서 정식 제스처는 아니지만, 우리는 그것을 이해할 수 있고 배우지 않고서도 자주 사용한다. 움직임은 동물들도 이해할 수 있는 직관적인 언어의 일부이다.

움직임은 일반적으로 소리나 빛보다 훨씬 많은 에너지를 소모해야 하고, 움직이는 부품이 고장날 확률이 더 높기 때문에, 소비자 전자제품에서 어떤 표현을 하는 데 자주 사용되지 않는다. 그러나 이러한 기기들이 이미 움직임을 필요로 하는 더 많은 작업을 맡게 됨에 따라 움직임의 사용은 더 보편화될 것이다. 예를 들어 로봇 진공청소기에는 바닥을 이리저리 다닐 수 있는 모터가 있다. 구동하는 것이 아닌 다른 이슈를 표시하거나 사용자에게 확인을 요청하는 데 같은 모터를 사용한다 해도 프로그래밍만 새로 하면 된다. "그게 뭐야, 부르미Vroomie? 소파 밑에 네가 못 드는 블록이 있다고?"

복잡한 커뮤니케이션을 움직임이라는 우아한 비언어적 줄임말로 해석하는 일의 열쇠는 애니메이터가 취하는 방식과 비슷하게 추상화abstraction의 전문가가 되는 것이다. 그들은 영화에서 중요한 감정적 순간을 집중적으로 식별해낸 다음, 이러한 감정적 표현을 과장할 수 있는 캐릭터를 그린다. 디자이너는 일반적인 제품 상호작용 중에 발생할 수 있는 주요 순간을 정의한 다음, 각각의 순간마다 제품이 취해야 할 움직임의 방식을 지정할 수 있다.

애니메이션을 전공하는 학생들은 최소한의 형태와 장식만을 표현할 수 있는 매우 기본적인 밀가루 포대를 만들어 흥분, 수치심, 수줍음, 의기양양함, 거만함 등과 같은 다양한 감정을 표현해보는 표준 연습으로 훈련을 시작한다. 이것의 교재는 애니메이터의 노력을 다른 어떤 것보다 움직임 연습에 집중시키기 위해 밀가루 포대로 제한된다. 그것은 만만치 않은 도전이지만 재능 있는 애니메이터들은 얼굴, 팔다리 또는 머리와 같은 실제 물리적 특성이 없음에도 불구하고 미묘하게 다른 움직임이 감정적 메시지를 전달하는 언어로 사용되어 그 자루에 생명을 불어넣을 수 있다는 사실을 보여주는 증거이다.

제품 디자이너로서 우리는 제품의 실제 움직일 수 있는 부분을 사용하여 비슷한 작업을 하도록 도전한다.

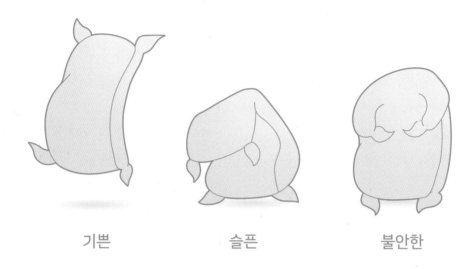

기쁜   슬픈   불안한

그림 4-4 디자인 학생들을 위한 밀가루 포대 연습

만약 우리가 디자인하는 제품이 전반적으로 큐브 모양이나 원통형 같은 단순한 형태를 띤다면, 지금 실험실에서 개발되고 있는 소셜 로봇처럼, 원활한 의사소통을 위해 동적 행동에 의존하는 것이 맞다. 또한 형태를 고려할 때, 궁극적으로 감정적인 메시지를 전달하기 위해 추상적이고 묵시적인 움직임에 크게 의존할 것이다. 그리고 다음과 같은 질문을 할 수 있겠다. "후회를 표현하기 위해 원통을 어떻게 구부려 절하는 것처럼 만들 수 있을까?" "자부심을 나타내기 위해 큐브를 의기양양하게 부풀릴 수 있을까?" "움츠러든 모양으로 무서움을 표현하면 어떨까?"

올바르게 묻고 답하기: 이러한 질문에 제품 개발에 도움이 되는 방향으로 답하기 위해서는 몇 가지 단계가 필요하다. 첫째, 무엇을 해야 할지 아는 것, 즉 인간적인 용어로 메시지를 정의하는 것이다. 예를 들어, 로봇 진공청소기가 성공적으로 청소를 완료했을 때 행복하다는 메시지를 던진다든가, 소파 밑에 갇혔을 때에는 곤란한 상황이라는 것을 알려줄 수 있다. 다음은 추상화 단계, 즉 메시지를 안무화된 동작choreographed movements으로 변형해 '거실이 깨끗해서 자랑스럽다'라는 메시지가 행복한 춤을 추는 것처럼 보이게 하는 방식으로 로봇 진공청소기를 움직이게 하는 단계다. 마지막 단계는 모터, 액추에이터나 펌프 같은 기계 장치를 사용하여 제품이 의도한 안무를 따르도록 실제로 움직이게 하는 것이다.

움직임은 종종 전체 아키텍처에 단적으로 크게 영향을 미치고 제품이 전달하는 이야기에 더 풍부한 의미를 추가할 수 있다는 점에서 이 책을 통해 탐구하는 세 가지 모드 중 가장 흥미롭다. 태양광 전원을 가진 가로등주solar-powered lamppost의 머리가 회전한다면 램프가 태양 방향으로 바라보면서 갈망하고 있다는 인상을 줄 수 있을 것이다. 거리를 순찰하는 보안 로봇은 모퉁이에 가만히 있는 로봇보다 주변을 더 잘 식별한다는 표를 낼 수 있다. 공간에서 자율적으로 이동할 수 있는 모든 물체는 주변이 발신하는 상황 정보에 따라 스스로 몸을 움직일 수 있다는 점에서 나의 대리인이라는 인상을 주는 것이 사실이다.

이렇듯 '움직임'은 매력적인 양식이지만, 대부분 복잡한 기전 장치가 요구되기 때문에 개발이 쉽지 않다. 다음은 움직임을 고려해서 디자인 할 때 주의해야 할 몇 가지 사항이다.

- 모터가 작동하려면 상대적으로 많은 전력이 필요하다.
- 모터에는 더 큰 용량의 배터리가 필요하다.
- 움직임이 있는 제품은 적당한 소리와 빛을 내는 제품보다 더 치밀한 전력 관리가 필요하다.
- 표면이 서로 마찰을 일으키거나 형태의 특정 부분에 응력을 가해 움직이는 부품은 반드시 마모가 발생한다.
- 움직이는 제품은 고정된 제품보다 더 견고해야 한다.
- 움직이는 부품은 끼임 지점과 같은 몇 가지 안전 위험을 초래할 수 있다.

사례 연구: 달아나는 알람 시계 클라키

　난다 홈Nanda Home에서 만든 클라키Clocky는 간단한 전동 휠이 달린 알람 시계다. 알람이 시작되면, 그것은 탁자에서 바닥으로 굴러떨어져서 누군가가 방의 한구석까지 따라와서 스누즈snooze나 끄기 버튼을 누르기 전까지 매우 성가시게 알람을 울려 댄다. 클라키는 제시간에 침대에서 일어나기 위해 고군분투하는 이들을 위한 효과적인 해결책이 될 수 있다.

　클라키는 우리가 "사용자 친화적user-friendly"인 제품이라고 부르진 않아도 이와 유사한 효과를 지닌다. 클라키의 형태는 둥근 몸체, 뚜렷하게 큰 바퀴, 그리고 웃는 듯한 얼굴로 친근한 첫인상을 자랑한다.

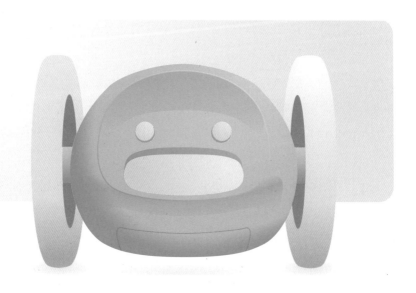

그림 4-5 난다 홈의 클라키 달아나는 알람 시계

그러나 몇 번의 아침 추격전을 경험한 후에는 똑같은 형태가 훨씬 더 위협적인 것으로 보이게 된다. 클라키의 구르는 기능은 "할 수 있으면 나를 잡아봐!"라는 경고이다. 사실 클라키의 움직이는 능력은 일을 시키는 사람에게 매우 필요하다. 그것은 우리의 잠에서 덜 깬 명령에 가만히 앉아 복종하지 않지만, 우리 마음이 가장 약해지는 순간에 우리 자신으로부터 우리를 탈출시킬 수 있다.

클라키는 특별히 정교한 제품도 아니다. 앱 기반 알람 시계에 비해 제공하는 기능도 상대적으로 적다. 여러 날짜에 걸친 일괄 옵션이나 화면의 스타일 변경 역시 불가능하다. 그럼에도 불구하고 클라키는 여전히 로봇처럼 느껴진다. 전동 휠이 공간에서 돌아다니는 모습은 마치 살아서 돌아다니는 생물인 것 같은 착각을 불러일으키고, 따라서 비록 우리가 그것을 지엽적인 것으로 치부한다고 해도 침실을 침범한 이 불청객을 자연스럽게 막아야 한다고 생각하게 된다.

소리

효율적이고 매력적인 상호작용에 대한 탐색을 계속하다 보면, 소리가 입출력 모두에 있어 매우 유력한 형식의 상호작용임을 알 수 있다. 나의 이탈리아 사촌인 실비아와 내가 다양한 생각을 나타내는 단어, 구절, 외마디 소리("어허?" "아이!" "응!")와 같은 줄임말 언어를 쓰고 있는 것처럼, 인간과 제품 사이에서도 유사한 어휘를 공유할 수 있다.

어떤 의미에서 소리는 인간과 제품이 사회적으로 상호작용하는 가장 자연스러운 방법이다. 왜냐하면 소리는 우리가 인간으로서 서로 의사소통하는 방법의 기초이기 때문이다. 빛과 움직임의 의미론은 본래의 형태를 우리가 해독할 메시지로 전환해야 하는 반면(예: 녹색 표시등은 '모든 시스템이 작동함'을 나타냄), 소리는 우리가 이미 알고 있고 이해할 수 있는 구두 메시지 형태로서 사람들에게 가장 직접적으로 전달된다.

그것이 언어 기반이든, 우리 환경에서 일어나는 일에 대한 경고음(침입자의 발자국 소리, 떨어지는 나뭇가지 등)이든 우리는 주변의 소리에 대한 예리한 인식을 가지고 있고, 귀를 쫑긋 세워 그것들의 의미를 찾는 데 열심이다.

소리는 보이지 않지만 공간에 두루 존재할 수 있으며, 방을 가로질러 이동하고 공간의 용적을 채운다. 빛이나 움직임과는 달리 제품에 주목하지 않고 있는 사람에게도 감지되므로, 시각적 또는 촉각적 신호의 층 위에 다중으로 동시에 자유롭게 배치, 신호를 전달할 수 있는 장점이 있다. 세탁기나 식기세척기와 같은 기기에서 일련의 동작이 완료되었음을 나타내기 위해 사용되기도 하고, 뉴스 기사나 자세한 재고 보고서와 같은 고도로 전문화되고 복잡한 메시지를 전달하는 데 사용될 수도 있다.

매우 작은 메시지가 얼마나 빨리 전달되고 이해될 수 있는지를 생각해 보면 소리는 매우 효율적인 의사소통 수단임을 금세 알 수 있다. 작곡가 조엘 베커먼Joel Beckerman은 그의 저서 《Sonic Boom: Sound Transforms the Way We Think, Feel, and Buy(소닉 붐: 소리가 우리의 사고, 느낌, 구매방식을 어떻게 변화시키나)》에서 인생의 어느 시점에서 경험했던 음악 중 음표의 일부만으로도 음악의 음색과 음정이 결합해 전체 노래에 대한 기억을 불러일으키는 급속 인식rapid recognition 현상을 소개하였다. "노래가 더 익숙해지면, 이러한 운동 근육 또는 소위 운동 전 뇌 영역이 관여하여 천분의 몇 초 내에 곡을 인식하고 감정을 느낄 뿐 아니라 그것에 반응하기 위해 필요한 행위를 미리 연습하는 기제가 작동한다."[9]

소리의 의미 찾기: 소리를 분석하고 해독하는 인간의 능력은 우리가 생각하는 것보다 훨씬 정교하다. 우리 삶에서 발생하는 대부분의 소리는 상당히 엉성하다. 소리는 집이나 거리의 여러 방향에서 두서없이 발생하고, 한 공간에서 다른 공간으로 무질서하게 퍼져 나간다. 우리가 세상을 떠올릴 때 정돈되고 세밀하다는 느낌을 가지기 보다는 소음 공해로 가득 찬 세상을 떠올리는 이유이기도 하다. 그럼에도 불구하고 인간의 뇌는 높은 수준의 해상도로 소리를 해독하고 구별할 수 있다. 우리는 심리학자들이 말하는 선택적 주의selective attention, 또는 칵테일 파티 효과cocktail party effect(많은 사람의 목소리로 시끄러운 상황에서도 선택적으로 들을 수 있는 현상)를 자주 체험하면서 살고 있다.[10] 시끄러운 방에서 대화를 할 때, 우리는 다른 소리를 걸러내어 말하는 사람에게 들은 내용에서 의미를 찾아낼 수 있고, 뇌는 본질적으로 그 다른 소리를 배경 잡음background noise으로 분류하도록 한다. 우리가 새로운 제품을 집에 가져올 때, 우리는 그 제품에서 나는 새로운 소리에 귀를 기울이고 주변 환경의 다른 소리와 구별하도록 우리의 귀를 훈련시킨다.

이러한 현상을 고려할 때, 제품 전략에는 사용자의 주의를 끌어야 하는 전경 소리foreground sound와 사람이 적극적으로 듣고 있다면 정보를 제공하겠지만 즉각적인 집중을 요구하지는 않는 배경 또는 주변 소리가 모두 포함된다. 예를 들어, 병원 환자의 심박수 모니터링 장치는 배경 소리에 섞이는 간단한 주변 소리로 간호사나 간병인이 환자의 심박수가 안도할 만한 수준임을 알 수 있게 해주는 반면, 심박수가 관리 가능한 범위를 벗어날 경우에는 더 크고 강한 소리로 경고의 의미를 전달할 수 있다. 이러한 상황에서 환자와 가족들에게는 소음 공해를 조성할 수 있는 경보음조차 배경 소리와 섞여 분간하기 힘들 정도로 간호사들에게는 익숙해질 수 있기 때문에 이른바 거짓 경고crying wolf 효과에 의한 경보 피로alarm fatigue를 막기 위해 소리 디자인을 철저히 계획하는 것이 중요하다.[11]

소리는 문자적 메시지와 표현적 메시지의 두 가지 유형으로 나누어 생각할 수 있다. 문자적 메시지는 제품에서 나오는 실제 단어, 구, 문장, 단락 등이다. 표현적 메시지는 톤, 멜로디, 딸깍음, 안타까움이나 실망스러움을 나타내는 실패음 등의 형태로 발생한다. 자동차 안에서 운전자나 조수석 승객이 좌석 벨트를 매지 않았을 때 들리는 벨 소리나 조리 시간이 끝났을 때 전자레인지에서 나는 비프음 같은 것들이다. 소리는 아기자기한 장식이 아니라 제품의 심장과 영혼을 반영하는 것으로 디자인 과정에서 많은 주의를 기울여야 한다. 전문 디자이너들은 이 상호작용의 필수적 요소에 적절한 양의 노력을 투자하기 위해 점점 더 사운드 디자인 전문가에게 눈을 돌리고 있다.

말은 직접적으로 의미를 전달한다. 제품이 언어로 우리와 대화하는 것은 비교적 새로운 현상이지만 '연결되었습니다'라는 음성으로 블루투스에 연결되었음을 알려주는 헤드폰부터 날씨를 알려주는 탁상 스피커에 이르기까지 현대 소비자 제품 거의 어디서나 볼 수 있는 특징으로 빠르게 자리 잡았다. 이 수다스러운 제품들은 가정 안전, 스포츠, 보안, 엔터테인먼트 및 의료기기와 같은 우리 삶의 모든 측면에 파고들고 있다.

말은 우리의 주의를 끌게 한다. 해석하거나 번역할 필요가 없기 때문에 매우 신뢰성이 높다. 제품이 하는 말은 우리가 필요한 작업을 수행하도록 제품에게 명령하는 데 사용하는 것과 동일한 언어로 되어 있기 때문에 굉장히 자연스럽게 느껴진다. 우리가 "알렉사, 오늘 날씨가 어때?"라고 물을 때, 기기가 동일한 언어가 사용된 말로 대응하는 것은 매우 논리적이다. 게다가 우리는 음성 메시지를 해석하기 위해 인터페이스에 대해 아무것도 배울 필요가 없다. 즉, 단순히 인간으로서 의사소통하는 방법을 아는 것이 제품 인터페이스를 사용하는 방법을 알기 위해 필요한 훈련의 전부인 것이다.

한편, 정말 그 모든 단어가 필요할까? 우리는 완전한 문장으로 말하거나, 심지어 제품이 스스로 우리에게 어필하기 위해 약간의 불필요한 문장을 더해서 말하기도 하는 대화형 에이전트conversational agent를 가진 신제품, 일명 '말 많은 제품'이 범람하는 시대를 살고 있다. 예를 들어, 내가 아이폰으로 타이머를 설정할 때마다 내 요청을 들었음을 알려주는 표준 신호음이 들린 후, "타이머가 ××분으로 설정되었고, 긴장감이 끝내줍니다."라는 음성 확인이 들린다. 귀엽기는 한데 이러한 멘트가 굳이 필요할까? 또한 시리에게 날씨를 물으면 "지금 뉴욕의 기온은 55℃이고 비가 오는 것으로 보입니다."라고 말한다. 사람이 말하는 것과 같은 방식으로 만들어진 문장을 듣는 것이 위안이 될 수도 있겠지만 '그렇게 보인다'와 같은 표현은 여러 면에서 불필요하다.

인튜이션 로보틱스의 도어 스컬러는 디지털적 온전함digital integrity에 관한 전략을 설명했다. 그는 기계가 사람의 말을 흉내 내도록 하기보다는 더 로봇 같은 느낌을 주기 위해 컴퓨터 생성computer-generated 음성에 가하는 필터와 같은 특성을 포함하는 정직함transparency에 초점을 맞추는 것을 주목하였다. 이브 베하르Yves Bèhar의 회사 퓨즈프로젝트Fuseproject가 이끄는 디자인 팀은 시뮬레이션된 얼굴 표정 대신 빛, 소리, 움직임을 통한 다중 모드 신체 언어에 크게 의존했다. 그는 "그것이 무엇인지와 무엇이 아닌지, 그리고 무엇을 할 수 있는지와 할 수 없는지를 분명하게 해주는 것이 항상 정직한 관계를 만든다. 그것은 당신을 속이려고 하지 않는다."라고 설명했다.[12]

말하기가 아닌 소리에 대해 생각해 보자. 구두 메시지가 명확하긴 하지만, 제품이 사용자와 의사소통할 때 인간의 음성 메시지를 모방하려고 힘쓰기보다는 완전히 다른 종류의 언어를 개발하는 것이 더 효율적이고 설득력이 있을 수 있다. 내가 나의 사촌과는 서로 친숙하게 줄임말을 사용하는 것과 마찬가지로 사람들은 완전한 문장이나 심지어 완전한 단어에 의존하지 않고 새로운 방식의 언어 또는 음악적 음조musical tones와 언어의 혼합을 통해 제품과의 관계를 발달시킬 수 있다.

〈스타워즈〉에 등장하는 로봇 R2-D2가 영어 단어를 한마디도 내뱉지 않고 얼마나 많은 성격을 보여주었는지 생각해 보자. 그것은 효율적일 뿐만 아니라 독특하고 기억에 남으며 신뢰할 수 있고, 브랜드를 대표하는 캐릭터의 느낌을 확립하는 데 기여할 수 있다.

그렇다면 어떻게 이런 독특한 의사소통 방식을 개발할 수 있을까? 대화를 마치 각본처럼 손글씨 형태로 작성하는 것이 도움이 된다. 물론 제품이 작성한 문구 그대로 말하게 하려는 것이 당신의 의도는 아닐 수 있지만, 이렇게 하는 것은 본질적으로 번역 프로세스를 위한 훌륭한 출발점이 된다. 그런 다음 팀은 상호작용의 여러 곳에 부분적으로 상대적인 가중치를 부여함으로써, 어느 부분이 전면과 중앙에 있어야 하고, 어느 부분이 사용자 경험user experience의 배경에 더 적합한지 결정할 수 있다. 애니메이터인 더그 둘리Doug Dooley는 이러한 과정을 배우가 대사를 말할 때 어조를 올리거나 내리는 억양의 관점으로 설명하였다. 즉, 어구의 끝을 '올리는' 것은 주로 긍정적인 정서와 관련이 깊고, 어구의 끝을 '내리는' 것은 주로 부정적인 정서를 나타낸다고 하였다.[13]

사운드 아웃풋sound output을 만들 때 고려해야 할 실제적이고 기술적인 요소는 대체로 다음과 같다.

- **스피커와 프로세서가 고음질을 지원하는가?** 모든 시스템이 동일할 수는 없고, 많은 경우 비용이나 내부 구성부품 크기로 인해 시스템의 품질이 상대적으로 낮아질 수 있다. 이 경우 사운드를 적절하게 가공하는 것이 필수적이다. 저가 시스템 중에는 반도체 칩에서 만들어 낸, 일반적으로 8비트 사운드라고 하는 저음질 데이터를 사용한다. 음역과 음색 면에서 한계가 있지만 이미 결정된 시스템의 사양이라면 소리를 특별히 그 한계 범위에 맞추어 데이터 가공할 수 있다.

- **어떤 소리가 당신의 브랜드를 상징하는 소리인가?** 아이콘이나 색상 팔레트가 브랜드를 나타내는 것처럼 사운드도 마찬가지다. 음색은 소리의 밝거나 맑거나 탁하거나 둔한 성질을 묘사하기 위해 사용되는 용어이고, 당신의 제품이 어떻게 지각될 것인지에 큰 영향을 미친다. 예를 들어, 바이올린 멜로디와 밴조의 맛보기 연주가 가지는 차이를 상상해 보면, 바이올린은 클래식 음악과 격식을 갖춘 극장 홀을 연상시키는 반면, 밴조는 건초와 작업복의 이미지가 떠오를 수 있다. 만약 구두 메시지가 있는 경우, 해당 메시지 역시 브랜드의 개성에 맞게 제작되어야 한다.

- **제품이 사람과 얼마나 떨어져 있는가?** 방 건너편이나 집안의 다른 곳에서 소통하는 것이 중요한가? 세탁기를 예로 들어보자면, 일정한 작업 사이클이 끝났다는 사실은 내가 집의 다른 방에 있더라도 알아야 할 필요가 있을 것이다. 따라서 볼륨과 음높이는 비교적 먼 거리에서도 충분히 들릴 수 있어야 할 뿐만 아니라 기계 자체의 윙윙거림과도 구분될 수 있어야 한다.

- **다른 소리가 주변에 있을 가능성은 없는가?** 이런 소리가 음악과 싸우게 될 것인가? 저녁 파티에서의 대화를 방해할 것인가?

- **맥락의 톤은 어떤가?** 상호작용형 요가 매트라면 상태를 전달하거나 사용하는 사람에게 피드백을 제공할 방법이 필요할 수 있지만, 처한 환경과 분위기에 따라서는 소리가 방해가 될 수 있으며, 요가 수련자의 명상 상태를 깨뜨릴 가능성이 있다. 이런 경우 볼륨을 줄인 낮은 소리muted sound가 해결책이 될 수 있다.

- **메시지가 얼마나 긴박한가?** 네스트사의 연기 감지기는 연기가 처음 감지되면 "일어나십시오, 침실에 연기가 납니다."라는 명확한 메시지를 전달하며,

경고 원인의 위치에 관한 중요한 정보를 함께 포함한다. 이는 위험한 상황의 시작일 수 있기 때문에, 메시지의 소리를 키우고 명확하게 전달하는 것이 중요하지만, 동시에 사람들이 상황을 침착하게 판단할 수 있도록 경고성을 지나치게 높이지 않을 필요도 있다. 어떤 경우에는 상황이 심각해질수록 메시지의 톤, 소리의 높낮이와 볼륨을 높여 경보를 확대하는 것이 적절할 수 있다.

사례 연구: 조본 잼박스 블루투스 스피커

잼박스Jambox가 가진 표현의 대부분은 최소한의 물리적 출력, 즉 일련의 소리와 음향을 통해 이루어진다. 플러스와 마이너스 기호가 표시되는 두툼한 원형의 버튼이 있긴 하지만, 인터페이스는 피드백을 위해 화면 표시에 의존하지 않는다. 대신, 딸깍하는 신호가 버튼 누름을 확인하고 '잼박스가 연결되었습니다'와 같은 음성 메시지가 사람들에게 저전력 경고 및 블루투스 페어링과 같은 이벤트를 알려준다. 음성 메시지 외에 시그니처 사운드signature sound를 장착하고 있기도 하며, 목소리 개인화와 선호 언어 등 설정을 사용자 정의할 수도 있다. 멋진 블루투스 헤드셋과 같은 고품질 오디오high-quality audio 제품으로 명성을 쌓아온 브랜드라면 제품의 핵심 가치인 고음질 재생을 통해 상호작용의 매 순간 음성을 들려주는 것도 좋을 것이다.

모드의 결합

제품을 계획할 때, 자산을 개발하고 전체 메시지를 평가하기 위해 조명, 움직임, 소리와 같은 각 표현 모드가 어떻게 독립적으로 작동하게 할 것인가를 세밀하게 설계하는 것이 필수적이다. 그러나 제품에 대한 사람의 경험은 궁극적으로 모든 역동적 특성의 조합에 의해 만들어진다. 아래에는 언제 어떤 표현 모드를 활용할지를 결정하는 데 지침이 되는 각 요소의 이점을 제시하였다.

빛

- 선별적: 소리는 공간 전체에 걸쳐 조건 없이 전달되어 사람을 방해하기도 하지만, 빛은 제품의 고유 영역 내에 머물기 때문에 맥락에 따라 알아차리기만 하면 되는 선별적 커뮤니케이션에 유용하다. 예컨데 아침 식사를 위해 식탁에 앉아 있으면서 충전식 드릴의 표시등에 굳이 주의를 기울일 필요는 없는 것이다.

- 전체적: 빛은 형태 전체를 채워 밝혀줄 수 있고, 그 색과 강도에 따라 전반적인 실재감을 변화시킬 수 있다.

- 지속적: 누군가에게 메시지가 있음을 알리는 표시등은 일반적으로 메시지를 재생할 때까지 계속 켜져 있다. 반면에 소리와 움직임은 메시지가 한 번 전달되면 다시 반복되기 전까지는 사라져 일시적이다. 이러한 특성은 비동기식 소통(즉각적인 답장을 기대하지 않고 메시지를 보내는 경우)에 유용하다. 다시 말해, 빛의 사용은 사용자가 주의를 기울일 준비가 될 때까지 기다려도 괜찮은 메시지 전달에 효과적이다.

그런 면에서 빛은 소리에 비해 조금 더 수동적이고, 움직임보다 경각성이 덜한 편인데, 천천히 그리고 부드럽게 발광하게 할 수 있기 때문이다. 특히 사람의 주변시 영역에서는 빛의 상태 변화를 명확히 깨닫지 못하게 되는 상황을 생각해 보면 빛의 특성이 더욱 분명해진다.

- 유연한 해상도: 빛은 기기가 켜져 있거나 꺼져 있는, 또는 거기에 있거나 없거나를 표시해 주는 일정한 크기를 가진 컬러 블록이 될 수도 있지만, 같은 제품에서 아이콘, 단어나 애니메이션 같은 디테일한 그림을 그려주는 픽셀 매트릭스pixel matrix를 동시에 쓰고 있는 경우도 많다.

- 한눈에 보기: 실내 공간에서의 빛은 멀리서도 간단한 메시지를 잘 전달할 수 있으므로 예열 동작이 완료된 오븐과 같이 단순한 상태 변화를 사람들에게 알려주는 데 유용하다.

움직임

- 주변적: 눈언저리 방향에서도 움직임은 대략 감지 가능하므로 제품에 집중하지 않더라도 제품이 전달하는 내용을 이해할 수 있다. 따라서, 아침에 일어나기 전 마지막 몇 분간 잠과 씨름하는 동안에도 클라키 알람 시계가 무슨 말을 하는지 알 수 있는 것이다.

- 풍부함: 물체의 움직임은 물리적이고 입체적 변형을 포함하기 때문에 정지된 물체보다 훨씬 더 본능을 가진 것으로 느껴질 수 있다. 그래서 클라키가 방을 돌아다니고 있다는 것을 알면 침대에서 일어날 동기가 더 명확해지는 반면, 폴리캠 이글 아이Polycam Eagle Eye가 오프라인일 때는 나를 보지 않고 있다는 확신을 준다.

- 맥락적: 동일한 움직임이 상황에 따라 다른 의미로 쓰일 수 있으므로 데스크톱 로봇이 고개를 끄덕이는 것은 화상회의에서라면 "예."라는 말로 받아들여질 수도, 또 다른 때와 장소에서는 카메라가 물체의 상하로 스캔하고 있음을

보여줄 수도 있다.

• 보편적: 움직임은 비언어적으로 메시지를 전달할 수 있기 때문에, 더 많은 언어 화면 기반 또는 음성 기반 메시지를 대체하거나 향상시키는 데 자주 사용된다. 클라키의 움직임은 그것이 세계 어느 곳에 있더라도 누구에게나 따라와 보라는 도전으로 이해될 것이다.

소리

• 즉각적으로 관심을 끔: 빛이나 움직임같이 주변시로도 지각 가능한 특성과 달리, 소리는 사용자가 현재 하고 있는 일에서부터 다른 일로 주의를 돌릴 수 있으므로 좌석 벨트 미착용 경고음과 같이 제품에 즉시 관여해야 할 때 적용하기 좋다.

• 인지적으로 효율적: 소리는 즉시 처리가 가능하며 매우 짧은 소리만으로도 의미를 연관시킬 수 있으므로 찰나의 시간 동안 의사소통을 가능하게 한다.

• 기계적으로 효율적: 움직임은 일반적으로 에너지를 많이 소모하고 공간을 많이 차지하는 모터나 전자석 등의 부품을 필요로 하지만, 소리는 회로기판 circuit board과 소형 스피커만 가지고도 충분히 발생시킬 수 있다.

• 깊은 감정적 연상을 제공: 소리는 긍정적인 기억에 대한 향수를 불러일으킬 뿐만 아니라 사용하는 사람에게 새로운 의미를 부여할 수 있기 때문에 제품의 브랜드를 강화하는 힘을 가지고 있다.

이제 해야 할 것은 인터랙션

우리는 다음 챕터에서 프레임워크의 다음 원주인 상호작용으로 이동할 것이다. 이 상호작용은 제품 아키텍처와 동적 표현에 대해 우리가 습득한 테크닉들을 기반으로 하고, 사람과 그 주변의 환경을 감지함으로써 진정으로 상호작용할 수 있는 능력을 제품에 더해준다. 이러한 상호작용을 통해 제품은 내부 상태에 대한 메시지를 제공할 뿐만 아니라 실시간 반응도 전달할 수 있다.

연구실에서: 소리 사용하기

스마트 디자인에서 니토 로보틱스Neato Robotics라는 회사의 바닥청소 로봇을 디자인할 때, 나는 우리 팀에게 로봇의 성격 정의personality definition를 위해 제품의 행동을 잘게 나누어 위중한 순간을 추출해 낼 것을 요청했다. 우리는 사람의 진정한 성격이 스트레스, 분노, 두려움 같은 부정적인 것이든 자랑스러움, 기쁨, 만족과 같은 긍정적인 것이든 극단적인 순간에 드러난다는 것을 알았기 때문에 이러한 순간을 로봇의 성격을 정의하는 핵심 요소로 사용했다. 소리의 추상적인 언어를 만들기 위해 우리는 로봇이 '인간' 언어로 전달해야 하는 모든 메시지, 예를 들어 "청소를 끝냈습니다." "배터리가 부족합니다.." 또는 "도와주세요, 소파 밑에 갇혔어요!"와 같은 문장을 자세히 풀어보았다. 잠 깨우기나 청소 완료와 같은 표현적 순간은 멜로디로, 경고나 피드백 신호 등은 다른 소리로 표현되도록 소리의 종류를 분류했다.

일반적인 제품에서 흔히 색상 전문가나 소재 전문가와 함께 작업하는 것처럼, 이번에는 스쿠비 라포스키Skooby Laposky라는 작곡가와 함께 음향 팔레트를 만들게 되었다. 인간의 언어 메시지는 그 내용뿐만 아니라, 고통스러운 경고에서 기쁨에 찬 축하에 이르기까지 메시지의 정서적인 면까지도 모두 담고 있는 음악 소절과 음향의 언어로 변환되었다.

장치의 전원을 켜면 브랜드 시그니처 소리이기도 한 '기상' 사운드가 난다. 2초도 안 되는 짧은 시간이지만 기억에 남고 중독성 있는 멜로디이다. 청소 작업을 시작할 때 "나는 일하러 가요!"라는 메시지를 담은 또 다른 짧은 멜로디를 표출한다. 마지막 멜로디는 장치가 베이스로 돌아가서 꺼지거나 '잠자기' 상태로 전환될 때 발생한다. 청소라는 핵심 과업이나 사람과의 사회적 교류 양쪽 다와 관련된 몇 가지 잠재적인 상호작용 순간이 청소 작업 동안 발생한다. 그 순간들은 상황에 따라 음색, 지속시간과 음량이 달라지는 세 가지 유형의 소리에 맞춰 배정되었다.

- 멜로디: 멜로디는 주요 상태 변화를 알려주기 위한, 몇 개의 음표로 구성된 짧은 음악 소절로서 로봇의 기상, 청소, 수면 주기를 표시하기 위한 목적으로 사용되었다. 이 메시지는 방 안 어디서나 들을 수 있지만, 로봇의 성능에 중요하지 않기 때문에 가장 큰 볼륨으로 나오게 설정되지는 않았다. 제품의 표현을 생각할 때, 나는 제품의 감정 상태를 나타내는 것을 중요하게 여긴다. 이 경우 로봇은 일을 시작하는 것에 대한 흥분이나, 완료된 일에 대한 만족감을 알리고 싶어 하는 '기쁜' 감정 상태인 것이다.

- 경고: 경고는 이슈의 알림이나 사용자 입력을 요청하기 위해 활용되었다. 감정 상태의 관점에서 보면, 청소 로봇이 가구 밑에 끼어 있을 때,

흡입구에 장애물이 있을 때, 전원이 부족해질 때와 같이 로봇이 고통스러운 상태에 있다고 도와 달라고 하는 외침이나 표시였다. 이들은 1초미만의 극히 짧은 소리로, 일반적으로 2~3개의 음표만을 포함하고 멜로디에 비해 놀람이나 부정적인 감정을 담고 있는 것처럼 표현되었다. 경고는 대응하는 사용자의 입력 행위를 필요로 하기 때문에 사용자가 로봇과 같은 방에 있지 않은 경우를 감안해서 (급히 그 방으로 와서 끄거나 할 수 있게) 멀리서도 들릴 만큼 시끄러워야 했다. 한편, 반복되는 소리는 금방 성가시게 될 수 있다는 것을 알았기 때문에, 우리는 위급한 상황에만 적용하려고 "경고음의 반복"을 가급적 쓰지 않으려 노력했다.

- 입력 피드백: 입력이 수신되었다는 것을 사용자에게 확인시키려는 의도를 가진 가장 짧은 소리였다. 음악적 표현이나 메시지라기 보다는 모든 종류의 소리를 인간미 없이 짧게 만든 신호음에 가까웠다. 이런 피드백 음은 장치의 버튼을 누를 때 들리는 것으로 사용자가 아주 가까이 있다는 방증이므로 너무 큰 소리로 프로그래밍하지 않아야 했다.

5장

제품과 사람 사이의
인터랙션

로봇 사이먼을 처음 만난 것은 잊을 수 없는 순간이었다. 2010년 애틀랜타에서 열린 컴퓨터 시스템에서의 휴먼 인자 컨퍼런스Conference on Human Factors in Computing Systems, CHI에 참가했었는데, 첫 번째 데모에 등장한 사이먼은 사람들과 상호작용 과업을 수행하면서 돌아다니고 있었다.[1] 나는 이미 그 전 몇 달 동안 로봇 디자인 디테일에 대해 골몰해왔기 때문에 그날 어떤 것을 보게 될 것인지 정확히 알고 있었다. 본질적으로 금속, 플라스틱, 전자 부품 덩어리인 사이먼은 머리에는 마이크, 눈에는 카메라, 그리고 손에는 물건이 놓였을 때 스위치처럼 작동하는 센서 패드를 가지고 있었다.

사이먼은 명령을 해독하고 관찰된 이미지를 분석하고 계획된 안무에 맞춰 움직임을 선보일 예정이었다. 당시 프로젝트에 참여하고 있던 대학원생 마야는 나에게 인사하며 "사이먼이 명령어 몇 개 정도는 알아들을 수 있게 프로그래밍 해두었어요. 이 녹색의 비누 용기를 분류하는 연습을 시켜보세요."라고 말했다.

"사이먼, 이거 받아." 나는 대본을 따라 말했다. 로봇이 팔을 뻗었고, 나는 녹색의 비누 용기 옆면을 살짝 눌러서 사이먼의 기계손과 손가락 사이로 넣었다. 로봇은 여유 있게 손가락으로 용기를 감쌌다. "이게 어디로 가야 할까?"라고 물어본

뒤 일어난 일은 정말이지 놀라웠다. 사이먼은 이 문제를 풀기 위해 비누 용기를 자기 눈까지 들어 올렸다. 순간, 더듬이 모양의 귀에서 조명이 켜지고 비누 용기와 같은 녹색으로 빛났다. 그러고는 바로 사이먼이 나를 똑바로 쳐다보며 말했다. "이건 초록색 쓰레기통에 들어가야 합니다." 내가 말한 문장의 관련 단어를 분석하고 정해진 음성과 움직임으로 응답하도록 로봇이 프로그래밍 되어있고, 그 기술적 세부사항에 대해 이해하고 있었음에도 불구하고, 나는 이 놀라운 생명체에 완전히 몰입되어 계속 이성을 잃은 채 헤매고 있었다. 이 로봇이 나를 꿰뚫고 있다는 생각이 들었다.

사회적 신호에 반응하는 로봇, 사이먼

이 놀라운 교류를 통해 나는 디자이너로서 내 인생이 영원히 바뀌었음을 감지했다. 이런 종류의 친밀하고 직관적인 연결이 나에게 제품과의 상호작용이 어떤 느낌이어야 하는지에 대한 황금 표준이 되었기 때문이다. 화려한 외관 속 가려진 내부에서 무슨 일이 일어나는지 이해하는 사람으로서, 환상에 사로잡혔을 때 그 상호작용의 느낌이 얼마나 강력할 수 있는지 의심할 여지없이 믿게 해주었다. 그리고 복잡한 상호작용에 의한 인지적 부담을 뛰어넘어야 하거나 인터페이스의 사용법을 익혀야 하는 제품들을 개발할 때 이러한 효과를 창출하기 위한 디자인 접근법을 고려해야 한다는 확신을 가지게 되었다.

그림 5-1 소셜 디자인 프레임워크의 세 번째 원주 – 상호작용

센서가 사람을 보고 조명이 켜지는 것처럼, 상호작용이 사람과 사물 사이에 일어나는 예정된 프로그램에 의한 규칙에 기반하여 각 과정이 서로 연계되지 않고 독립적인 과정에서 발생한다는 점을 숙지하는 일은 제품 디자이너에게 중요하다. 그러나 경험의 전반적인 느낌이나 뉘앙스는 사회적 맥락의 관점에서 보아야

한다. 소비자로서, 또는 디자이너로서 우리는 제품을 블루투스 연결, 3배 광학 줌 3X optical zoom, 5버튼 제어five-button control 등과 같은 기능의 집합체로 여기는 세상에서 살아왔다. 하지만 최선의 결정은 그런 생각을 벗어나 사람과 제품, 그리고 주변 환경 간의 교류를 통해 발생하는 전반적인 관계에 대한 전체론적인 관점으로 사고를 전환하는 과정을 통해야만 얻을 수 있다. 전환된 사고에 맞춘 디자인 계획을 수립하는 것에서 비로소 최고의 결과를 뽑아낼 수 있는 것이다. 제품이 아무리 복잡하더라도, 사회적 관계의 스토리는 개발 과정에서 디자인 결정의 방향타가 되는 중심 전략의 역할을 한다.

상호작용은 사람들이 제품과 주고받는 것이다. 제품의 실재감과 메시지를 표현할 수 있는 능력을 기반으로 우리는 한 단계 더 나아가 사람과 제품 간의 지속적인 메시지 교환과 피드백을 고려해야 한다. 또한 상호작용은 센싱sensing(감지)과 추론에 의해 정보를 제공받아 작동하는 자동 반응에 대한 결정을 제품이 내리도록 돕는 활동을 포함한다. 이러한 상호작용을 하는 제품은 사용자로부터가 아니라 세상으로부터 정보를 얻는 장치라고 생각할 수 있다.

그 아이디어는 제품이 사용자와 맥락에 적절하게 반응하도록 하고, 마치 사이먼이 첫 번째 만남에서 나와 적극적으로 대화했던 것처럼, 제품을 사용하는 사람들과의 적극적인 대화에서 제품이 사회적으로 반응하는 존재로서 행동하도록 하는 것이다. 습도, 일산화탄소와 같이 보이지 않는 물질의 존재를 듣고, 보고, 느끼고, 인식할 수 있는 제품을 설계하는 것이 이제는 얼마든지 가능하다. 이러한 입력과 출력 사이의 피드백 루프는 대상과 사람 사이에 지속적이고 진화하는 대화를 만들어 주기 때문에 이런 능력과 표현의 힘을 결합하는 것은 특히 흥미롭다.

사이먼은 실험실 연구를 위해 만들어진 고도로 전문화된 일회성 기계이지만, 의도적으로 사회적 관계를 기반으로 만들어진 상호작용 전략 아이디어는 로봇 기능이 있는 제품에 널리 적용될 수 있다.

자율주행 자동차를 생각해 보자. 연구원 프랭크 오 플레미쉬와 그의 동료들은 운전이라는 개념을 사람과 차량이 제어를 공유하는 파트너십이라고 소개했다. 말과 기수의 관계를 상상해 보자. 말에 탄 사람은 기본적인 통제력을 유지한다. 기수가 고삐를 느슨하게 하거나 조여 그 통제력이 발휘되는 정도를 조절하는 동안 말도 계속 스스로 결정을 내릴 수 있다. 이것을 H-은유H-metaphor라고 부르는데, 센서와 기계가 발휘하는 기술적 기능이 아닌 시스템을 포괄하는 원칙을 기반으로 하는 지배적인 관계에 대한 약칭이라고 할 수 있다.[2]

제품의 사회적 활동의 핵심 근간은 상호작용을 통해 발생한다. 이번 장에서는 이러한 상호작용을 전략화하고, 계획하고, 창조할 수 있는 방법에 대해 살펴보고자 한다.

센서와 액추에이터

상호작용을 깊이 있게 탐구하기 전에 우리는 제품 디자인의 현실적인 가능성을 기반으로 비전이 구축되도록 상호작용 행위를 유도하는 핵심 요소를 검토할 필요가 있다.

가장 간단한 의미에서 상호작용형 시스템을 살펴보자. 기계의 버튼을 누르고 이에 대한 응답으로 LED가 밝은 녹색으로 켜지면, 버튼은 입력 또는 센서 역할을 하고 LED 응답은 출력 또는 액추에이터가 되는 셈이다. 물론 시스템 전체는 버튼과 조명보다 훨씬 더 복잡하지만, 기본 전제는 한 가지 기반 위에 다른 모든 것이 만들어진다는 것이다. 즉, 궁극적인 상호작용은 시스템의 각부를 조절하여 서로 간에 피드백을 주고받는 일련의 센서와 액추에이터로 구성된다. 피드백은 또한 사람, 환경 또는 우리가 사는 세상의 또 다른 곳에서도 일어날 수 있다. 예를 들어, LED 조명은 버튼이 눌려졌다는 것을 확인시키고, 커피 추출과 같은 원하는 작업이 진행 중임을 알려주는 1단계 반응일 수 있다.

표현에 관한 장에서 본질적으로 액추에이터가 무엇인지에 대해 자세히 설명했다. 제품이 빛, 소리, 움직임의 형태로 외부에 보내는 메시지를 살펴보았는데, 이러한 메시지를 표현할 수 있는 제품의 요소는 램프, 스피커, 모터, 측정기, 텍스트 디스플레이 등과 같은 특정 부품 형태로 나타난다.

사람과 제품 사이의 진정한 '대화'는 감지된 정보가 시스템 내부로 유입되어 작동기가 표현하는 것을 중재하고, 그에 따라 메시지와 작업을 지속적으로 모니터하고 변경할 때만 발생할 수 있다. 감지는 매끄러운 상호작용에 큰 역할을 하므로, 감지 시스템을 통한 정보 입수에 관해서는 아래와 같은 사용 가능한 디자이너 팔레트 구성을 확실히 이해하는 것이 도움이 된다.

센서와 액추에이터 예시	
입력(센서가 읽은 값)	출력(액추에이터가 표현하는 값)
버튼 누르기 다이얼 돌리기 트랙패드를 스와이프하기 서랍 열기 램프 베이스 만지기 플랫폼 밟기 손 흔들기 말하기	소형 스크린 점멸 조명 녹음된 음성 조명 켬 스프링클러 멈춤 음악 울림

센싱

철학적 관점에서 볼 때, 인간으로서 우리가 다른 사람 또는 다른 사물과의 경험을 진정으로 이해하는 것은 어렵다. 그렇기 때문에 우리는 자신의 경험과 동일한 맥락에서 추정하는 것에 의존한다. 강아지가 사람과 같은 방식으로 음식을 즐기거나 소리를 듣는 것을 상상해 보자. 실제로 후각이나 청각과 같은 감각은 인간에 비해 훨씬 민감하고, 눈으로 보는 색 감각은 현저히 떨어지는 등 특정 감각에 따라 그 경험은 완전히 다르다. 궁극적으로 강아지가 느끼는 센싱의 본질을 우리가 완전히 알아내기란 불가능하다. 제품의 경우도 마찬가지지만, 그럼에도 불구하고 제품의 경험을 설명하는 데에 인간의 경험을 패러다임으로 사용하는 이유는 그것이 사람의 행동과 주변의 환경을 해석하는 제품의 방식을 설명하는 데 유용한 모델이기 때문이다. 우리는 촉각, 청각, 시각, 미각, 후각과 같은 인간의 감각들을 살펴보았다.

촉각: 터치는 우리가 제품과 상호작용하는 가장 일반적인 방법이다. 단순한 구식 푸시버튼push button에서부터 스마트폰 화면의 터치 센서의 복잡한 배열에 이르기까지, 우리는 손과 손가락 끝을 사용하여 주변 사물과 의사소통하는 매우 잘 정립된 멘탈 모델을 가지고 있다. 우리가 물체에 보낼 수 있는 가장 기본적인 신호는 두 개의 도선이 연결되거나 분리됨으로써 전자회로를 완성시키는 스위칭의 결과다. 제품을 만들 때, 우리는 참여의 상황적 맥락을 고려함으로써 이 단순한 온-오프 값이 충분히 사회적으로 상호작용할 수 있도록 만든다. 전등 스위치는 밤을 낮으로 바꾸는 힘을 가졌다. 그 스위치는 조명이 위치한 방안 벽에 붙어 있어, 일출 방향인 하늘을 향해 누름으로써 우리에게 빛을 주고 아래로 내림으로써 우리를 어둠 속에 가린다. 비록 우리가 겉보기에 평범한 일상적 상호작용을 당연하게 여기지만, 그것은 구축된 주변 환경과 우리를 연결하는 인상적인 매개로서 우리가 '통제 가능함'에서 느낄 수 있는 안도감을 선사한다.

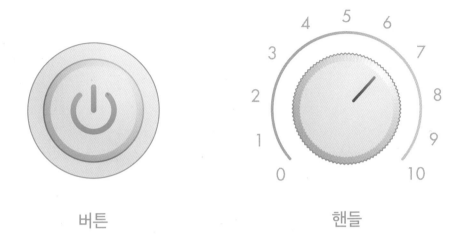

버튼   핸들

그림 5-2 선택적 컨트롤을 위한 버튼과 연속적 컨트롤을 위한 핸들

버튼과 핸들: 기본 작동기를 설계할 때 결정해야 할 주요 특성은, 기본 스위치와 같이 온-오프(0이나 1) 입력 값이나, 또는 오디오의 볼륨 레벨과 같이 일정한 범위의 값으로 표시되는(예를 들면, 0부터 100까지의 퍼센트 스케일) 입력 중 어떤 것이 적합한 의사소통의 방법인지 판단하는 일이다. 이 차이점은 구성 부품을 선택하고 사람이 상호작용하는 방식을 구상하는 데 영향을 미친다. 학계에서 인터랙션 디자인의 아버지로 인정받는 디자인 연구자인 빌 버플랭크Bill Verplank는 이 두 가지를 버튼button 또는 핸들handle로 설명한다. 여기서 버튼은 피아노의 건반과 같은 상태의 선택적 제어를 의미하고, 핸들은 트롬본의 슬라이드와 같은 연속적인 제어를 제공한다.[3] 물론 이 두 가지를 동시에 전달하는 방법도 많이 개발되어 있지만, 제품의 사회적 가치에 있어서 가장 염두해야 할 부분은 입력을 수행하는 데 사용되는 행동이 전체적인 의사소통 상황에 얼마나 적절한가에 관한 것이다. 예를 들어, 욕실 체중계는 사람이 밟고 서 있는 것이 제품과 관계를 맺는 주된 방식이기 때문에 발로 툭 건드려서 활성화시키는 것이 적절하고, 인간공학적인 관점에서

도 누군가가 버튼과 상호작용하기 위해 허리를 구부릴 필요가 없는 버튼을 만드는 것이 올바른 디자인 결정이라 할 수 있다. 또 다른 예로서, 네스트 온도 조절기는 제품 전체가 연속적 컨트롤 기능을 하도록 만들어져 가정 내 온도 설정의 중요성을 강조하고 있다. 원하는 목표 온도를 표시하기 위해 회전하는 원형 링이 본체 바깥을 둘러싸고 있다.

디지털 또는 가상의 상호작용은 점점 더 촉각적으로 변하고 있으며, 일반적인 디자인 레이아웃은 버튼과 핸들에 대해 기존에 성립된 멘탈 모델을 활용하고 있다. 오늘날 대부분의 터치 스크린은 손가락이나 손바닥이 가까운 표면에 닿을 때 정전기장이 중단되는 순간을 감지하는 정전식에 의존한다. 다수의 정전식 센서를 나란히 배치함으로써, 우리는 스와이프한다던가 손가락으로 터치하는 등의 복잡한 제스처를 이해할 수 있다. 이런 동작은 감지면 아래 생생한 그래픽이나 애니메이션과 결합하여 버튼이 눌리고, 슬라이더가 조정되며 노브가 회전되는 등의 눈부신 환상을 제공함으로써 결과적으로는 물리적 현실 세계에 존재하는 기존의 멘탈 모델을 확장시킨다. 애플의 가라지 밴드Garage Band 앱은 화면에 표시되는 일련의 그래픽 가상 도구를 통해서 이런 멘탈 모델을 재현한다.

촉각적 측면으로는 '움직임의 탐지'를 들 수 있다. 이는 제품에 대한 의미 있는 상호작용을 만들기 위해 탑재되는 기능이다. 기울기 센서는 원통형 체임버 내에서 움직이는 금속 볼이 들어있는 간단한 장치다. 센서의 자세가 볼이 원통의 바닥으로 내려가는 방향일 때, 센서는 회로를 켜짐 상태로 만든다. 이는 기술적으로 간단한 상태 전환을 구성하는 또 다른 방법이다.

스위치: 스위치는 서로 닿을 수 있도록 가까이 배치된 뻔한 전선 몇 가닥과 원리적으로 같다. 그러나 기울기 센서는 해당 부분을 물리적으로 움직이는 작동을 사전에 프로그램 된 특정한 반작용으로 연결 지음으로써, 디자이너로 하여금 마술 같은 상호작용을 설계할 수 있도록 한다. 예를 들어, 내가 디자인했던 램프 중 하나는 전체가 스위치 역할을 하는 쐐기 형태를 띤다. 삼각형의 긴 면으로 놓으면 불이 꺼지고, 짧은 쪽을 바닥에 뉘면 불이 켜진다. 맨해튼의 아트 앤 디자인 박물관Museum of Arts and Design에 이 램프가 전시되었을 때, 사람들은 마치 그것이 인터랙티브한 놀이 블록인 양 가지고 놀기 위해 전시에 몇 번이고 들르곤 했다.

이런 유형의 센서는 흔드는 동작을 읽는 데에도 사용할 수 있다. 예를 들어, 디자이너가 칵테일 흔들기 동작을 통해 활성화되는 음악 믹서를 만들고 싶다면, 단위 시간 경과에 따른 스위치 활성화 횟수를 모니터하여 가해진 동작의 특성을 해석하는 데 기울기 센서를 활용하면 된다. 마찬가지로, 소형 센서를 사용하여 당면한 상호작용과 아키텍쳐의 특성 모두에 적합한 맞춤형 시스템을 만들 수도 있다. 잔이 비어 줄어든 무게에 의해 잔과 컵받침이 서로 연결 및 소통하여 컵받침에 불이 들어오게 만들어진 유리잔 시스템은 잔을 다시 채워야 할 때 컵받침에 불을 밝혀 웨이터에게 리필이 필요하다는 사실을 알린다. 먹이의 사진 기록을 보관하는 새 모이통은 새가 날아와 횃대에 앉을 때마다 녹화 기능이 활성화될 수 있다. 물병은 누군가 물을 마시기 위해 물병을 기울였을 때를 감지하는 센서로 그 사용을 추적할 수 있다. 심지어 병이 비어 있거나 가득 찼을 때를 탐지하는 회로를 완성하기 위해 들어 있는 물을 전도성 요소로 이용할 수도 있다.

터치와 움직임을 둘러싼 센서의 세계는 방대하며 그 자체로 책 한 권이 될 수 있다. 우리가 꼭 기억해야 할 점은, 일반적으로 예측되는 밀기, 당기기, 비틀기와 끌기를 능가하는 훨씬 더 창의적인 방식으로 센서가 사용되면 당면한 작업에 의미 있는 적절한 제스처를 선택, 입력하는 것을 가능하게 해준다는 점이다.

듣기: 1980년대에는 박수 소리로 모든 기기를 켜거나 끌 수 있는 장치인 클래퍼clapper에 대한 광고만큼 대중의 상상력을 사로잡은 광고가 거의 없었다. 당시에는 스위치나 다이얼 이외의 다른 것으로 장치를 제어한다는 아이디어가 마법처럼 보였고, 핸즈프리 작동은 먼 미래의 이야기로 느껴졌다. 또한 광고의 모험적인 성격은 이러한 상호작용의 불가능성이 사실 필요한 기능이라고 강조했다. 이러한 '일상생활을 관통하지 않는' 참신함은 제품 디자인 역사에 영원히 기억될 것이다.

오늘날에는 아마존 에코, 구글 홈, 애플 홈킷과 같은 장치들이 음성 상호작용을 통해 검색 기능을 제공하고 미디어를 제어하며, 스캔 장치를 활성화하는 등 소리 입력이 일반화되었다. 우리는 장치를 제어하기 위해 여전히 박수 칠 수 있지만, 오늘날의 음성 인식speech recognition 소프트웨어를 사용하면 제품에 명령하고, 호소하고, 회유하여 우리가 원하는 것을 하도록 할 수 있다.

이메일이나 문자 메시지 받아쓰기와 같이 음성 입력 및 시각 출력이 동시에 존재하는 시스템에서, 음성 제어는 장치와 개인적으로 상호작용하는 이상적인 방법이 되었다. 그리고 지향성 마이크directional microphone가 더 보편화되고 저렴해짐에 따라(아마존 에코는 제품의 상단을 둘러싸는 링 안에 8개의 마이크가 배치되어 있다) 실내 환경의 장치와 미디어를 음성으로 제어하는 것이 훨씬 더 쉽고 바람직한 제품과의 상호작용 방법이 되고 있다.[4]

우수한 입력 방법으로 음성 제어를 요구하는 응용 프로그램이 많이 있다. 조리법이 까다로운 음식을 만들거나 아기를 안고 있는 것과 같이 진행 중인 작업을 관리하기 위해 손이 자유로울 필요가 있는 상황을 고려해 보자. "알렉사, 20분 타이머 설정 부탁해." 또는 "할머니한테 전화해 줘."라고 직접 말할 수 있으므로 사람들은 이전에 복잡한 조작을 거쳐야 했던 작업을 훨씬 더 빠르게 수행할 수 있다. 또한 운전을 하거나 걷고 있는 상황처럼 인터페이스를 보는 것이 현실적으로 어려운 상황에서도 음성으로 명령과 메시지를 간편하게 실행할 수 있다.

음성을 사용하는 것은 또한 많은 제약점이 있어 개인적이거나 조용한 실내 상황에서 주로 사용된다. 신호등이나 버스 정류장의 인터페이스와 같은 가로시설물을 통제해야 하는 실외 환경에서는 주변 소음에 의한 방해를 심하게 받기 때문에 특정 음성을 상호작용 매개로 삼기 어렵다. 마찬가지로 무역 박람회나 마트의 통로와 같이 많은 사람이 있는 상황에서 음성 제어는 기술적으로 실행하기 어려울 뿐 아니라 사회적으로도 어색할 것이다. 인터페이스가 말하는 사람을 오해하기 쉽고, 한 공간에 두 사람 이상이 같이 있는 경우에 인터페이스의 주의를 끄는 사람이 누구인지 알기 어렵기 때문이다.

보기: 야간 조명부터 드론에 이르기까지 많은 제품이 시각을 입력 수신의 주요 방법으로 삼고 있다. 카메라는 상황에 따라 적용할 수 있지만, 제품이 필요로 하는 입력 수준에 비해 과한 경우가 많다. 입력을 빠르고 안정적으로 탐지하면서 가장 단순하고 초보적인 센서가 일반적으로 디자인에 적합하다고 볼 수 있다. 그렇게 함으로써 더 복잡한 센서를 적용했을 때 발생할 수 있는 처리 능력에 과부하가 걸리는 문제를 피할 수 있다.

아마도 광전지는 우리가 개체에 시각을 부여하는 가장 기본적이고 저렴한 방법일 것이다. 그것은 빛의 양에 따라 저항값을 바꾸는 작고 가벼우며 저렴한 부품이다. 이 저항 측정값은 회로 프로그래밍에서 의사 결정의 기준으로 활용된다. (예: "저항이 100옴 미만인 경우 사운드 파일 재생을 시작하십시오.") 어두워지면 자동으로 켜지는 태양열 정원 조명은 이런 광전지 센서를 활용하여 조명이 필요하지 않을 때 스스로 꺼져 에너지를 절약한다.

복잡성의 측면에서 시각 센서 스펙트럼의 반대쪽 극단은 카메라를 센서로 사용하는 것이다. 빛의 어떠한 특질(예: 빛의 밝기)이나 하나의 색만 읽는 대신에 카메라 입력을 통하면, 물체는 주변 환경이나 사용자에 대해 매우 다양한 방식으로 해석될 수 있는 방대한 양의 행렬값을 받아들이게 된다. 카메라는 제품을 둘러싼 환경을 지능적으로 이해하는 데 사용할 수 있어서 보안 로봇처럼 사람의 집이나 사무실을 자율적으로 탐색하게 할 수 있다. 또한 메이커봇Makerbot과 같이 프린트 베드의 상황을 학습시킨 카메라가 달린 3차원 프린터는 진행 중인 프로세스를 모니터하기에 적합하다. 이 카메라는 필라멘트가 고착되거나 고갈되어 플라스틱 재료가 부족한 것과 같은 일반적인 문제를 감지할 수 있다. 또한 원격 위치에서 사용자와 통신하여 문제를 확인하고 인쇄를 중지하거나 진행을 승인할 수 있다. 전통적인 초인종을 대체하는 새로운 제품도 많이 보급되었는데, 이들은 카메라가 지원되어 엑스선x-ray 비전을 통해 문 너머에 누가 있는지 확인할 수 있을뿐 아니라 현관 앞 남겨진 소포나 서류를 검사할 수 있다.

카메라 기능이 강화된 제품은 제스처를 사용하여 제품과 의사소통할 수 있는 옵션을 함께 제공한다. 청각과 시각의 조합은 다음과 같은 상호작용을 가능하게 한다. 오스카라는 이름의 로봇청소기가 거실 구석에 있는 충전대에 거치되어 있고, 집 주인인 루실이 손님을 대접하면서 커피 테이블을 가로질러 손을 뻗다가 아몬드 한 그릇을 엎어 바닥에 떨어졌다고 가정해 보자. "오스카, 이쪽으로 올래?" 로봇이 그녀를 향해 움직이자 그녀는 카펫 위의 지저분한 곳을 가리킨다. "여기를 청소해 줘!" 이러한 잠깐의 상호작용은 문제를 가볍게 해결함으로써 손님 대접이 원활하게 이루어지도록 한다.

인간 감각human sensing이라는 기존의 패러다임을 뛰어넘는 제품의 사례도 있다. 예를 들어, MIT 미디어랩MIT Media Lab의 감성 컴퓨팅 그룹affective computing group이 개발한 스마트 거울은 그 앞에 사람이 앉기만 해도 사람의 심박수를 읽을 수 있다.

얼굴의 이미지를 살펴 피부색의 변화를 감지함으로써 심장 활동을 해석해 내는 것이다.[5]

'만능 센서'로서의 카메라

최근까지 제품에 내장된 카메라를 사용하는 것은 비용이 많이 들었지만, 이제는 이런 제품 구성이 실행 가능한 것으로 간주된다. 실제로, 카메라는 제품을 둘러싼 환경을 읽어내고 맵핑할 수 있을 뿐만 아니라, 응급 상황이나 진료 상태와 같은 인간의 몸짓과 상태를 제품이 이해할 수 있도록 하는 가장 다목적이고 보편적인 센서로 빠르게 변화하고 있다.

MIT의 컴퓨터 과학 및 인공지능 연구소Computer Science and Artificial Intelligence Laboratory, CSAIL의 연구원들은 기존 동영상의 세밀한 차이를 증폭해 강조하거나 본질적으로 비가시적인 내용을 드러내기 위한 비디오 장면을 편집하는 시스템을 개발해왔는데, 이 기술은 이미 가정용에서부터 환경용에 이르기까지 여러 제품에 널리 적용되고 있다.[6] 어린이와 신체 접촉 없이 심장 활동과 호흡의 변화를 추적할 수 있으며, 적외선 기술을 사용하여 어둠 속에서도 작동하는 미쿠 스마트 아기 모니터Miku Smart Baby Monitor는 이러한 제품의 좋은 사례다. 센서로 기능을 발휘하는 '제품'을 생각하기 보다 제스처 기반 사무실이나 미디어룸과 같은 지각성 있는 '공간'을 우선적으로 구상해 보는 것이 제품에 대한 사용자의 니즈를 찾는 데 더 도움이 된다.

물론 카메라를 센서로 사용하는 것에는 많은 단점이 있다. 가격이 많이 내렸다고는 하나 단순 부품에 비해 여전히 저렴하다고 할 수는 없다. 카메라를 통해 입력된 데이터를 해석하는 데 필요한 처리 능력은 고난도가 되어 전체 제품의 복잡성과 비용이 증가한다. 그리고 아마도 가장 해결하기 어려운 큰 단점은 카메라가 사생활을 심각하게 침해한다는 사실일 것이다. 마이크와 마찬가지로 지속적으로 켜져 있어야 하는 경우가 많고, 어떤 필요한 기능을 충족시키려면 오디오와 비디오를 기록, 저장해야 할 수도 있다.

일상적인 제품에서 카메라의 윤리적 사용에 대해 제조업체 사이에 큰 논쟁이 있는데, 디자이너는 카메라의 실재감과 상태(예: 녹화 중 또는 일시 중지)가 명확하게 드러나고 제어 가능하게 만드는 방법을 강구함으로써 윤리적 책임을 일부 경감시킬 수 있다. 고객이 자기의 데이터를 저장하고 사용하는 요령이 늘어날수록 제품 제작자들은 카메라 데이터 사용을 명확하고 이해할 수 있게 만듦으로써 자신들의 실력을 뽐낼 수도 있을 것이다. 이케아 스페이스 10IKEA Space 10에서의 실험에서 연구원인 티미 오예데이는 정교한 손놀림과 언어의 자연스러운 확장처럼 보이는 기타 제스처를 통해 집안의 조명, 커튼, 오디오 시스템과 같은 요소들을 제어할 수 있는 프로토타입을 보여주었다. 그는 사생활 보호를 위해 카메라 대신 레이다radar 기반의 대체물을 사용하는 방법을 탐색하고 있다.[7]

동시에 느끼는 여러 감각

위에서 개별 센서의 기능에 대해 논의해 봤는데, 가장 강력한 시스템은 실제 사람들끼리 상호작용하는 방식에 근접한 것이어야 하며, 전체론적인 경험과 유사한 부드러운 반응성의 사회적 상호작용을 개발하기 위해 다중 센싱 테크닉을 사용한다. 자율주행 차량은 한 가지 유형의 센서에만 의존하지 않고 레이다, 라이다lidar, 카메라 비전camera vision과 피지컬 센싱physical sensing을 결합하여 탑승자뿐만 아니라 다른 차량의 탑승자와 길을 횡단하려는 보행자의 의도까지 파악한다.

쇼핑할 때 줄을 서거나 계산대가 없는 참여형 쇼핑 경험인 아마존 고Amazon GO 와 같은 서비스는 시스템 센서 융합이라고 부를 수 있다. 사람의 움직임을 파악하기 위해 여러가지 센서를 결합하면 사람이 매장에 들어가서 가방에 사려는 물건을 넣고 그냥 나가면 되는 '마찰 없는' 과정이 만들어진다. 아마존 고의 마케팅 설명은 "그래서 그게 어떻게 작동할까요? 저희는 자율주행 자동차에서 볼 수 있는 것처럼 컴퓨터 비전computer vision, 딥 러닝 알고리즘deep learning algorithm과 센서 융합을 이용했습니다. 원하는 걸 사셨으면 그냥 가시면 됩니다. '그냥 나가기Just Walk Out' 기술이 가상 장바구니를 추가하고 당신의 아마존 계정에 요금을 청구합니다. 영수증은 앱으로 바로 전송됩니다"라고 설명한다.[8]

제로 UIZero UI라고 불리는 디자인계의 동향이 있는데, 이 동향의 지지자들은 아마존 고의 경험과 같이 사람이 기계를 제어하고 있다는 것을 완전히 잊을 수 있어야 한다고 주장한다.[9]

방에 들어갈 때 조명이 켜져야 하고, 식기세척기 문을 닫으면 안에 있는 모든 접시들을 씻기 시작해야 한다. 이러한 경우 입력은 사용자에게 보이지 않을 수 있지만, 컴퓨터가 사람이 방에 들어왔다는 것을 알리기 위한 동작 센서가 있어야 하고, 식기 세척기가 언제 작동해야 하는지 알 수 있도록 버튼과 무게 센서가 필요하다. 제로 인터페이스는 아니지만, 인지적 부담이 사용자에게서 사라지고 시스템이 투명하게 대신해 주는 새로운 경험이다.

암시적 입력implicit input이란 기계가 사용되는 방식에 대한 모형을 기반으로 의도적으로 고안된 비가시적인 제어 방식이다. 이런 암시적 입력은 사용자가 기계를 작동시키는 데 있어서의 수고를 덜어주지만, 기계가 명령이나 행동 유도를 추론하기 때문에 디자이너가 구축한 상호작용 모델이 불완전할 경우 오류의 가능성도 커진다.

사회적 지능이 가장 두드러지는 부분이 바로 이곳이다. 센서를 사용해서 사용자가 물리적으로 제품을 켜고 끌 필요가 없도록 만들어진 제품이 대체로 '지능형 또는 스마트형'이라고 홍보되는 것은 모순적으로 보일 수 있지만, 그것들은 올바르게 수행했을 때 가장 자연스러운 방식으로 작동한다. 다시 말해 언제 상호작용할지 아는 것이 상호작용을 잘하는 것이다.[10]

마이크로컨트롤러를 사용한 프로토타입 제작

제품의 버튼을 누르면, 표면 아래에서 마이크로컨트롤러microcontroller의 입력 핀에 전압이 걸린다. 버튼과 같은 디지털 입력은 주로 켜지거나 꺼지는 상태를 제어하게 되고, 핸들 또는 다이얼과 같은 아날로그 입력은 0~100%와 같은 일정 범위에 걸친 값을 가지는 경우가 많다. 기계는 작동기가 소리 재생, 깃발 흔들기, 조명 깜박임과 같은 표현 측면을 생성하도록 하여 그에 따라 반응하도록 프로그래밍할 수 있다. 이전의 번거로운 기전 장치 시스템electromechanical system과 달리, 마이크로컨트롤러 기반 장치에서 입력과 출력의 대응 관계를 매핑하는 것은 프로그래밍의 문제일 뿐이다.

제품의 미학적인 부분과 전체적인 실재감은 제품의 핵심이지만, 사용해 보지 않고 상호작용을 디자인하는 것은 아이에게 자전거 사진을 보여주고 자전거 타는 방법을 이해하기를 기대하는 것과 같다. 훌륭한 인터랙션 디자인은 상호작용이 어떤 느낌일지에 대한 본능적인 이해에서 비롯된다. 해당 상호작용이 보드지 조각과 찰흙 내부에 배관 테이프로 센서를 여기저기 붙여 놓은 얼기설기한 실험 모형에 의해 이루어진다고 하더라도 말이다.

흔히 가게의 문턱에서 삐 소리가 나게 하는 제품에 붙어 있는 성가신 스티커인

무선주파수 식별radio-frequency identification, RFID 태그를 디자인에서 사용할 때에도, 스캐너가 그것을 감지하기 위해 얼마나 멀리 있어야 하는지 뿐만 아니라 그것이 형체 안에 얼마나 잘 숨겨져 있는지, 그리고 효과적으로 되기 위해 어떻게 배치되어야 하는지에 대한 느낌이 필요하다. 이런 종류의 통찰력은 시도를 거듭하면서 체험을 통해 얻어지는 것이다.

불과 10여 년 전만 해도 디자이너들은 상호작용형 프로토타입을 만드는 것을 꿈도 꾸지 못했다. 시간과 재료에 대한 투자가 너무 커서 연구비가 풍부한 엔지니어링 팀이나 연구개발(R&D) 연구소에서나 만들 수 있는 한계가 있었기 때문에, 디자이너들은 제품의 모양과 느낌을 표현한 내부가 텅 비어 있는 디자인 목업으로 실험을 할 수밖에 없었다. 현재에는 사용이 간편한 기성품 마이크로컨트롤러 플랫폼이 많이 존재하기 때문에, 누구나 단 몇 시간 만에 100달러 미만의 비용으로 초보적인 프로토타입을 만들 수 있는 온라인에 존재하는 오픈 소스open-source 소프트웨어와 수많은 커뮤니티 포럼이 "고양이가 작동시키는 팬", "깡통 따개 로봇"과 같은 간단한 문구만으로 검색, 접근할 수 있는 단계별 설명을 제공하고 있다. 그래서 상호작용형 파일 캐비닛과 같은 무언가의 "실제 작동하는 것 같은" 프로토타입 만들기를 전문 엔지니어뿐만 아니라 제품개발팀의 모든 구성원이 시도할 수 있게 되었다.

아두이노Arduino는 기본적인 마이크로컨트롤러 기반 프로토타입 제작에 가장 적합한 플랫폼으로, 와이어를 삽입해서 배선할 수 있는 두 줄의 인쇄회로기판printed circuit board, PCB으로 구성된 약 20달러짜리 키트다. 전선은 간단하게 센서나 작동기에 연결할 수 있고, 어떤 명령을 이행해야 하는지 프로그래밍하기 위해 전체 어셈블리를 USB 코드로 컴퓨터에 연결할 수 있다. 간단한 야간 조명을 만들기 위한 광전지는 주변 빛을 읽고, 코드는 가령 80% 암도 값까지 주변 조도가 떨어지면 애당초 프로그램된 대로 LED를 켤 수 있다. 아두이노 코드는 이처럼 매우 기본적인 시스템에서부터 고감도 입력과 연출된 움직임과 소리를 출력하는 복잡한 로봇에 이르기까지 굉장히 발전의 폭도 크다.

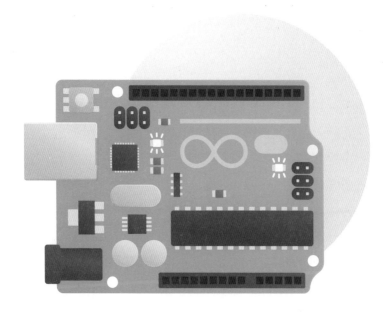

그림 5-3 기초적인 마이크로컨트롤러 기반 프로토타입 제작을 위한 아두이노 보드

라즈베리 파이Raspberry PI는 또 다른 인기 있는 플랫폼으로서, 미니컴퓨터 minicomputer로 작동하고 리눅스Linux 운영 체제를 사용하는 시스템이다. 그래픽 디스플레이를 사용하거나, 인터넷 정보에 접근해야 하거나, 작동하기 위해 복잡한 처리 과정이 필요한 모든 경우에 적합하다. 또한 라즈베리 파이에는 방대한 온라인 커뮤니티가 있어 다운로드한 다음 어떠한 프로젝트에도 적합하도록 바로 수정해서 사용할 수 있는 다양한 샘플 프로젝트를 제공한다.

소셜 인터랙션

지금까지 상호작용의 감각적 구성 요소를 다루었으므로, 이제 소셜 인터랙션 자체에 대해 알아보겠다. 디자인 프로세스에 사회적 관점을 적용하는 한 가지 접근법은 매일같이 일어나는 상호작용을 대화conversation로 변환하는 것이다. 물론 토스터를 앞에 놓고 식구들이나 정치에 대해 토론하는 것이 대단히 대화적인 것은 아니지만, 말하기 전에 사람(또는 기계)를 쳐다보면 누구와 대화하는 것인지 더 명확해지는 것과 같이, 그건 거래적이고 실용적인 사회적 상호작용이다.

표 5-1은 벨이 울리는 전화와의 일반적인 상호작용의 변환 사례를 보여준다. 전화기를 사회적 행위자로 간주하고 각각의 정보 교환을 대화의 일부로 취급해보면, 전화기가 당신이 처한 상황과 당신의 묵시적 신호에 충분히 민감하지 못하다는 아이러니가 더 분명해진다. 까다로운 문제는 전화벨이 언제 울릴지 예측하기 어렵고, 울리는 전화벨에 항상 대응할 준비가 되어 있기 쉽지 않다는 사실이다.

상호작용자	상황	변환된 대화 (암묵적 메시지)
나의 휴대폰	따르릉 따르릉	전화가 왔습니다.
나	손이 꽉 차서 전화를 받을 수 없다.	나는 지금 바쁘다.
나의 휴대폰	따르릉 따르릉	아직 전화가 오고 있습니다.
나	휴대폰을 몸으로 덮어 가리려고 노력한다.	바쁘니 조용히 해 줬으면 좋겠다.
나의 휴대폰	따르릉 따르릉	계속 전화가 오고 있습니다.
나	전화를 노려본다.	계속 울려서 화가 난다.

표 5-1 벨이 울리는 휴대폰과의 일반적인 상호작용

또 다른 부분은 볼륨이 당신이 처한 상황에 적절한지, 전화받을 준비가 되어 있는지 그 여부에 관계없이 전화는 갑자기 크게 울림으로써 당신을 당황스럽게 만든다는 사실에서 비롯된다. 마지막 문제는 당신이 받지 않고 싶은 전화를 거부할 방법이 원천적으로는 매우 많다는 사실이다. 전화기는 당신이 능동적으로 전화를 받거나 애써 무시하고 받지 않는 행위 외에는 어떤 다른 종류의 제어 행위도 가할 방법이 없기 때문이다. 우리는 모두 일상적인 상호작용에서 사회적 직관social intuition을 사용하기 때문에 상호작용에서 암묵적인 대화를 통해 사고하는 것은 그렇게 하지 않으면 놓칠지도 모르는 실수와 기회를 더 쉽게 볼 수 있게 해준다.

다시 말하지만, 기계에 대한 전통적인 사고방식은 구성 요소에 기반을 둘 수밖에 없었기 때문에 거치대에 놓거나 집는 수신기처럼 전화를 받을 수도 있고 받지 않을 수도 있다는 것은 자연스러운 생각이다. 그러나 전혀 다른 가능성을 가진 센서의 세계를 상정하면, 사회적 행위자로 둔갑한 장치가 사회적으로 적절하게 반응할 많은 새로운 기회가 열린다. 예를 들어, 카메라 기반 센서를 사용하면 전화기가 당신의 눈부신 표정이나 "쉿, 제발!"이라는 음성 명령 같은 것을 지각하고 그에 따라 적절하게 반응할 수 있다. 이런 미묘한 유형의 상호작용도 디자이너로서 고안하고 활용할 수 있다.

상호작용 모형을 되돌아볼 때, 상호작용을 만드는 방법을 결정하기에 앞서 제품을 '통해서' 대화가 일어나는지 또는 '함께' 대화가 이루어지는지를 생각하는 것이 필요하다.

인터랙션 디자인

인터랙션 디자인에서 필수적인 핵심 구조는 입력으로 탐지된 사람의 요청이나 피드백, 그리고 출력으로 표출된 제품의 반응이나 피드백을 이용하여 사람과 제품 간에 발생하는 대화를 매핑하는 것이다.

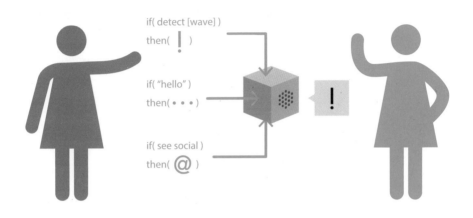

그림 5-4 중재자(intermediary)로서의 제품을 통한 디자이너와 타인 간 상호작용
여기서 대화는 디자이너와 사람 사이에서 제품을 매개로 이루어진다. '프린터의 카트리지를 제거하고 잉크를 검사하십시오'와 같이 제품이 말하는 메시지는 심지어 자신을 3인칭으로 가리킬 수도 있다.

궁극적인 대화는 매끄럽게 진행되고 단순해 보일 수 있지만, 생각할 수 있는 모든 사용 상황에서 사람이 제품에서 구하는 것이 무엇인지 진정으로 이해하기 위해, 그 대화가 무엇이어야 하는지 결정하는 데 들어가는 노력은 디자인 연구에서 시작해 많은 심도 있는 작업을 요구한다. 한 예로서, 메시징은 장치를 통해 이루어지는가 아니면 장치와의 사이에서 이루어지는가?

이 매핑을 시작하려면 사람이 가지는 제품과의 관계에 대한 근본적인 속성이 디자인 전략 개발의 초석이 될 것이다. 인간-제품 관계에 대한 우리의 정신 모형을 바탕으로 사회적 상호작용이 어떻게 일어날 것인지를 설정하는 것이 권장된다.

일단 전반적인 속성을 기반으로 한 접근 방식이 결정되면, 사회적 관계가 상호작용의 세부에서 어떻게 나타날지에 대해 해결되지 못한 많은 질문이 추가로 등장한다. 이를 보완하기 위해 스크립트를 개발한 뒤, 다양한 설계 연구 방법으로의 탐색이 필요하다.

그림 5-5 인간과 제품 간 상호작용

여기서 대화는 인간과 제품 사이에 이루어진다. 제품은 자신을 가리키면서 "나의 뚜껑 인쪽에 있는 카트리지를 점검하십시오…지금 준비되었습니다."라고 말할 것이다.

전통적인 마케팅 연구에서는 제품 개발을 위한 정보 수집에 설문조사 같은 유형의 접근 방식을 주로 쓰지만, 이는 제품의 미래 사용자들에게 제품이 제공할 수 있는 잠재력에 대한 진정한 이해를 시키기에는 역부족이다.

비교적 표피적이고 보수적인 관점만을 제공하는 설문조사는, 제품군에 관한 생각을 정리하거나 연구 참가자를 대규모의 대상 집단에서 선정하는 초기 단계에는 디자이너에게 도움이 될 수 있지만 일반적으로 디자인 결정에 기준이 되는 정보를 제공할 만큼 충실하지는 않다.

여기에서 사용자 연구 또는 현실 세계에서의 상호작용 연구가 시작된다. 프로젝트를 추진하는 데 필요한 더 풍부한 통찰력을 얻어내는 접근법은 다양하다. 연구 참가자 혹은 참가자 그룹을 직접 인터뷰하거나 섀도잉shadowing하기도 하고, 드로잉, 비디오 또는 상황극을 통해 경험을 상상해 보기도 한다. 많은 경우에 이런 탐사 작업에는 두 가지 이상의 접근법을 연계해서 사용하는데, 그 과정에는 제안된 인공물(프로토타입)이 피드백을 통해 디자인 과정에 제공되는 정보를 얻어내는 프로브probe 또는 프롬프트prompt로 사용되기도 한다. 다음은 이러한 일부 방법의 목록이다. 그 중 몇 가지는 더 자세히 설명하겠다.

- 경험의 모든 측면에 대한 개요를 제공하는 여정 지도journey map
- 상호작용의 주요 순간을 식별하고, 해당 순간을 제품이 주고받는 메시지에 매핑하기
- 고전적인 방식으로 잘 그린 스케치
- 신체와의 관계성 고려: 10인치 경험, 2피트 경험, 10피트 경험, 원격 경험
- 바디스토밍 상호작용bodystorming interaction, 주요 순간, 그리고 "종이" 프로토타이핑paper prototyping

- 오즈의 마법사Wizard of Oz
- 애니메이션과 스톱 모션 애니메이션
- 관계성의 아크arc: 시간이 지남에 따라 관계가 어떻게 변할 것인가? (장기적인 상호작용 참조)
- 멀티모드 흐름도multimodal flowchart
- 대화 쓰기: 대화 계획 수립하기

행동 구현

고객과의 디자인 워크숍 초기 단계에서, 나는 주로 행동 구현enactment과 관련된 다양한 기법을 사용하거나, 상호작용 중에 발생할 수 있는 인간과 제품 모두의 행동을 참가자로 하여금 실행하도록 하는 편이다. 행동 구현을 통해 디자이너는 현재의 기술이나 이미 만들어진 프로토타입의 제한 없이 실시간 공간에서 시나리오를 탐색할 수 있다. 이를 통해 대화와 사회적 상호작용에 집중할 수 있으며, 보다 심층적인 탐색과 해석을 위해 실행 자체는 딱히 정해 놓지 않고 임의의 상태로 진행한다. 팀의 누구든지 행동 구현 기법에 참여할 수 있으며 공개된 통찰력이 주는 이점을 누릴 수 있다.

행동 구현이 어떻게 작동하는지에 대한 빠른 이해를 위해, 당신과 세 명의 친구들이 함께 차 안에 있는 척 의자에 앉아 어렸을 때 했던 게임을 생각해 보자―한 명은 프리즈비frisbee를 한 손에 들고 차를 '운전'하고 있었고, 나머지 세 명은 '창문' 밖을 내다보거나 운전자와 대화를 나누는 승객이었다. 자율주행 차량 내부의 경험을 측정하기 위해 위와 유사한 활동이 훌륭한 출발점이 될 수 있다. 그것이 물리적인 벽이나 제약 요소에서 자유롭다는 사실은 참가자들이 서로 소통할 수 있는 여러 대의 연결된 차량에 나눠 탄 상황과 하나의 차량에 탑승한 승객과 보행자로서의 자신들의 입장과 의식을 그려보는 데 큰 도움이 된다.

흔히 바디스토밍 또는 행동으로 나타낸 브레인스토밍embodied brainstorming이라고 불리는 일반적으로 널리 사용되는 이 테크닉은 제품의 사용자들이 수행할 작업을 미리 수행하도록 하는 것이 요점이다. 이상적으로, 이런 행동은 단순하고 저렴하며 유연한 재료로 만들어진 소품(프로토타입과 실험 환경)과 연계되고, 제품이 실제 사용될 맥락 속에서 발생한다.[11] 가령 오븐을 바디스토밍 한다고 하자. 한 사람은 오븐을 사용하는 사람의 역할을 하고, 다른 사람은 오븐 자체의 행동을 취할 수 있을 것이다.[12] 오븐 역할을 하는 사람들이 들고 있는 보드지 프레임cardboard frame은 오븐의 상단이나 문을 나타낸다. 오븐의 사용자 역할을 맡은 사람은 그것에 가까이 가거나, 콘솔의 상단을 어떻게 만질 것인지 지시하거나, 오븐에 음성 명령을 내릴 수 있다. 그러면 오븐 대행자는 로봇같이 말하는 음색이나, 나중에 해당 맥락에서 기기의 적절한 행동으로 전환될 수 있는 문구로 적절하게 실시간 응답할 수 있다.

이러한 유형의 바디스토밍 연습의 즉각적인 이점은 도면, 렌더링 혹은 축소된 모형과 같은, 소위 비교적 덜 표상적인 방법으로는 불명확하게 남을 것 같은 제품-사용자 관계의 중대한 부분을 명확하게 드러낸다는 것이다. 실물 크기 스케일과 최종 용도를 나타내는 공간(예: 부엌에서의 오븐 바디스톰 세션)에서 작업하면 상황적 제약과 기회 요인에 대한 심도 있고 즉각적인 통찰력을 얻을 수 있다. 또한 이미 결정되어 있는 제품의 세부 사양 보다는 물건과 사람 간의 대화에 중점을 두는 것이 미처 예상치 못했던 방향으로 전개될 수 있는 개방형 탐색을 가능케 한다. 이 기법은 원하는 제품 기능이 자연스럽게 발견되어 추가적인 설계 또는 탐색을 할 수 있고, 바로 전신whole-body 상호작용에 대한 생각으로 이어지고 확대되어, 제한이 컸던 과거 제품의 입력 아키텍처의 관점에서 벗어나 디자이너가 자유로운 사고를 할 수 있게 해준다.

바디스토밍은 제품 디자인의 사회적 측면을 꿰뚫어 보는 통찰력을 얻을 수 있을 뿐 아니라 프로토타입 제작과 제품의 기능과 기술에 대한 검토, 결정에 자원을 투자하기 전에 아이디어 기반으로 작업을 진행시킬 수 있는 저비용 기법이다. 상호작용 연구자이자 코넬대학교 공대Cornell Tech 부교수인 웬디 주Wendy Ju가 실시한 연구에서, 리서처들은 참가자들과 미래의 자율주행 경험을 그려보고, 이 미래 경험 동안 시간을 어떻게 보낼 것인지에 대해 묘사하도록 요청했다. 그들은 이 상황이 가져올 수 있는 감정을 공유하고, 통근 중에 더 이상 운전 행위를 하지 않음으로써 낭비 또는 잉여가 되어 버린 시간과 관심을 되찾음으로써 얻을 수 있는 가치를 상상해 보았다. 이런 개방형 세션 외에도, 그들은 운전을 종료할 때 어떻게 운전자가 반자율주행 차량으로부터 제어권을 되찾을까 하는 등의 특정 사용 사례를 조사하기 위해 행동 구현 연습을 이용했다.

코넬의 연구팀은 이런 행동 구현 세션을 통해 차량 내부의 기능, 제스처와 움직임에 대한 아이디어뿐 아니라 신뢰와 편안함을 증진시키는 요소에 대한 아이디어를 도출할 수 있었다. 그들은 통찰력을 활용하여 좌석, 운전 핸들, 음악과 실내온도 조절 장치, 차량 실내 디자인의 디테일과 같은 구성 요소에 대한 디자인 영감을 얻을 수 있었다.[13]

맥락 질문법

바디스토밍을 통해 풍부한 통찰력을 얻으려면 어떤 제약점도 없는 실제 물리적 인공물과 프로토타입도 중요하지만, 설계 중인 제품이 사용자와 생활하는 상황과 가장 유사한 맥락에서 인터뷰를 진행하는 것도 매우 유의미한 일이다. 병원 장비를 구상할 때를 예로 들자면, 실제 작업 공간인 현장에서 간호사, 의사와 기술자와의 인터뷰가 당연히 중요하다. 복도에서 노트북 컴퓨터를 얹고 이동하는 카트를 관찰해 보면 신속히 지나가기 위해 간호사가 이리저리 몸을 움직이는 방식을 알 수 있으며, 이런 발견점은 카트의 형태에 영향을 미친다.

의료 콘솔을 사용하기 전에 끼고 있던 장갑을 벗는 제스처 같은 세세한 모습은 이런 유형의 현장 대화 중이라면 바로 인지되고 설명될 수 있을지 몰라도, 인터뷰가 다른 곳에서 진행된다면 놓칠 수밖에 없다.

이러한 방법은 맥락 질문법contextual inquiry이라고 하며, 현재 행동과 경험을 탐구하는 데도 도움이 되지만 사람들이 미래의 환경을 구상하는 데 사용할 수도 있다. 웬디의 팀은 사람들이 자동화 차량에서 자신들을 어떻게 배치하는지를 고려하기 위해 시동이 걸린 상태로 안전하게 주차된, 운전석이 오른쪽에 있는 지프 체로키 Jeep Cherokee 차량 내부에서 인터뷰를 진행했다. 가능한 한 가장 현실과 가장 가까운 조건 속에서 참여자는 신뢰를 가지고 연구에 동참했다. 이들은 운전자의 제어가 필요 없는 운전석에서 탑승자가 된 듯한 묘한 느낌을 경험할 수 있었고, 자율주행 차량이 이러한 상황에서 무엇을 할 수 있는지 상상하고 차량의 행동이 이들에게 어떻게 느껴지는지 보다 구체적으로 설명할 수 있었다.

인터뷰 참여자들에게는 운전 책임에서 벗어났을 때 어떤 활동을 수행하는지 조사하기 위해 베개, 전화, 태블릿, 컴퓨터와 같은 소품이 제공되었다. 행동 구현 연습에서 나타난 한 가지 중요한 통찰은 자동화가 승객으로 하여금 새로운 사회적 역동성social dynamics을 가질 여유를 부여한다는 것이었다. 운전자가 더 이상 정면을 바라볼 필요가 없다면 좌석을 서로 비껴 보거나 마주 보도록 조정하여 새로운 사회적 상황을 조성할 수 있다.[14]

스케일 시나리오

인체 사이즈에 비해 부피가 큰 제품의 경우, 주변 제품이나 환경에 따른 맥락 안에서 쉽게 조작하고 관찰할 수 있도록 크기를 축소한 소품을 사용하여 공중에서 시연하는 스케일 다운 시나리오scaled down scenario를 진행하는 것도 큰 도움이 될 수 있다. 마치 유치원생들이 자동차와 판지 모형을 가지고 노는 것처럼 소꿉장난 하는듯한 느낌이 들 수도 있겠지만, 놀이 같다고 해서 이러한 활동을 하찮게 여겨서는 안 된다.

예를 들어서 나는 유방 조직검사 도구를 디자인할 때, 공간의 역학에 대한 오버헤드 뷰를 수집하기 위해 의사 사무실의 평면 지도two-dimensional map를 사용했다. 환자의 편안함과 조직검사 샘플을 안정적으로 채취하는 시술에 영향을 미치기 때문에 환자, 의사, 간호사와 의료기사 사이에 형성되는 관계가 대단히 중요해진다. 이때 지도 뷰를 사용하면 전체 설정의 어떤 순열이 장치 사용을 개선할 수 있는지에 대한 팀 토론을 촉진하는 데 도움이 된다. 의료기사의 시선이나 조직 채취 부위에 대한 의사의 소견과 같은 내용들은 제품의 형태, 도구의 방향과 인터페이스 세부 사양에 관하여 특화된 탐구를 이끌어낼 수 있다.

3차원 스케일 모델은 많은 소셜 디자인 맥락에서 유용하게 활용된다. 자동차 디자인의 경우, 도로 경계석과 벤치, 주차 미터기와 같은 가로시설물과 함께 거리 시나리오에서 서로 마주칠 수 있는 다수의 차량 스케일 모델을 잘 활용하면 제품·서비스 전반에 걸쳐 시스템 수준의 해결책을 제시할 수 있다. 가령, 주차 시나리오를 실행하면 자동 주차와 미터기에 대한 개념을 재정립하고, 궁극적으로는 대규모로 시행되는 새로운 시스템의 이점을 활용하기 위해 지방자치단체에 기존 미터기를 개조하는 제안에 이를 수 있다.

웬디의 한 프로젝트에서는 리서처들이 운전자와 보행자 사이의 행동 패턴을 보여주는 연구의 비디오 클립을 검토했다. 비디오를 통해 두 당사자가 각자의 이동 경로에서 교차하려고 할 때, 먼저 접근하는 당사자는 교차 지점을 상대적으로 미리 조정해서 옮길 가능성이 높다는 사실을 확인할 수 있었다.

이러한 패턴을 분석하기 위해 그녀와 동료들은 다이어그램과 간단한 3차원 사물을 소품으로 사용하여 즉흥적으로 시나리오를 만들어 줄 것을 피실험자 그룹에 요청했다. 각각의 장소 바로 위에서 비디오 촬영을 함으로써, 그들은 참여자들이 그들의 사물로 만든 움직임과 몸짓뿐만 아니라 그들이 시나리오에 추가한 모든 말을 도표에 담을 수 있었다.

그들은 서로 다른 상호작용 조건들을 거쳤는데, 여기에는 정상적인 이동 방향으로 접근하는 상호작용, 정상적인 이동 방향에 거꾸로 접근하는 상호작용, 정상적인 이동 방향에 수직으로 접근하는 상호작용을 포함했다. 방식은 구조화되었지만 참여자에게는 즉흥적인 시나리오를 마친 후, 그들은 참여자들에게 자기만의 조건을 떠올리고 해당 조건을 바탕으로 시나리오를 디자인하도록 요청했다. 이 과정을 통해 자율주행 차량이 인간이나 동물처럼 감성적이고 표현적인 성격을 가질 수 있도록 하는 많은 창의적 상호작용을 찾아낼 수 있었다.

실험은 실제 관찰된 상황을 기반으로 했기 때문에 현실에서의 니즈와 경향에 기반을 두었다. 그러나 결과를 예정하지 않은 개방적 방식으로 축적된 표현을 사용하면 가능할 수 있는 상호작용이 어떤 것인지와 관련한 혁신적인 아이디어와 풍부한 대화를 끌어낼 수 있다.

이 프로젝트는 연구 방법을 개발하고 실행하는 것은 즉흥성을 수용하는 유연한 과정이고, 여러 탐색 기법은 결합하여 동시적으로 사용할 수 있다는 관점의 좋은 사례라고 할 수 있다.[15]

WOZ 디자인 방법론

오즈의 마법사Wizard of Oz는 유명한 동화 속 오즈의 마법사와 유사하게 교묘하게 숨긴 리모컨으로 다이나믹한 경험을 실시간으로 빠르게 생성하고 구현하여 상호작용형 제품에 대한 사람의 관계를 연구하는 강력한 디자인 방법론이다. 챗봇을 개발하는 경우라면 기존 인스턴트 메신저 소프트웨어를 대화형 에이전트의 인터페이스 형식으로 수정하는 것을 예로 들 수 있겠다. 피실험자는 봇이 소프트웨어로 제어되는 것으로 생각하고 봇과 대화를 시작하겠지만, 응답으로 제시된 텍스트는 다른 위치에 있는 사람에 의해 입력된다.

그림 5-6 기계식 오토만 로봇 발판

코넬대의 디자인연구센터Center for Design Research에서, 웬디와 그녀의 팀은 '기계식 오토만Mechanical Ottoman'이라고 하는 프로젝트를 수행했다. 오토만은 자동으로 사람의 발 근처로 맞춰 이동하고, 시트 뚜껑을 위아래로 열고 닫는 표현적 요소를 더한 로봇 발판이다. 이 프로젝트에서 연구팀은 woz 기법을 사용해 어떻게 사람들이 기계의 표현적 움직임과 상호작용하는지를 연구했다.

참여자 연구에서 오토만은 사람들에게 접근하여 오토만의 활동에 동참해 줄 것을 권유하는 표현이나 동작을 그들이 이해할 수 있는지 알아보았다.

오토만은 그 사람의 시야 안으로 들어가서, 잠시 멈추고, 공손하게 느껴질 정도의 거리에서 사람이 충분히 인식할 때까지 기다리고 있었다. 오토만은 그들에게 다가가서 시트 뚜껑을 조금 들어 올리는 액션을 취하기도 했다. 참가자의 일부는 즉각적으로 오토만이 무엇을 위한 것인지 이해하고, 오토만이 다리 바로 아래로 움직일 수 있게 다리를 들어 올렸으며, 시트에 발을 얹어 쉴 수 있었다. 다른 사람들은 훨씬 더 망설이는 것처럼 보였고, 오토만과 상호작용을 시작하게 하기 위해 추가적인 넛지nudge(타인의 선택을 유도하는 부드러운 개입)이 필요했다. 몇 번의 동기 유발 후에도 사람들이 다리를 들지 않는 경우, 오토만은 뚜껑을 몇 번 열어서 이탈하고 싶다는 의사를 보인 다음, 옆방으로 이동했다.[16]

한 여성은 오토만이 다가갔을 때 약간 놀란 표정을 지으며 웃었다. 몇몇 참가자들은 오토만이 그들의 발을 올려놓기를 원한다는 것을 이해했지만 그렇게 하기는 불편하게 느끼는 것으로 보였다. "강아지 같아서 내 발을 위에 올리기가 꺼려져요. 그 친구를 발로 가두고 싶지 않거든요." 오토만이 떠났을 때 많은 참여자가 약간의 불편함을 느끼고 있음이 분명했다. 한 참여자는 어떤 식으로든 오토만의 감정을 상하게 했을까 봐 걱정하기도 했다.

오토만의 프로토타입은 룸바 진공청소기에 사용된 엔진과 동일한 아이크리에이트iCreate 로봇에 의해 구동되었고, 서보모터servomotor가 있어 뚜껑을 위아래로 여닫게 되어 있었다. 우리가 마법사라고 부르는 한 사람이 옆방에 숨어 원격으로 이 오토만을 조종했다. 이 마법사는 웹 카메라를 통해 상호작용을 관찰하고, 사람들의 반응에 따라 오토만을 원격 제어했다. 마법사는 인터랙션 연구에서 오토만의 행동을 각 참가자가 취하는 행동에 적절하게 조절시키는 역할을 감당했다. 적절한 소셜 리액션social reaction에 대한 마법사의 직관은 연구 참가자의 행동만큼이나 실험의 많은 부분을 차지한다. 이러한 종류의 연구를 통해 팀은 자율 로봇autonomous robot에 어떤 종류의 행동이 필요하고, 의사소통을 위해 어떤 범위의 움직임이 필요한지 파악할 수 있다.

현장 실험

사무실 환경의 적절한 곳에 디자인 프로브가 배치되어 있는 통제된 스튜디오 실험에서 많은 정보를 얻을 수 있는 것도 사실이지만, 제품이 사용될 실제 조건과 환경에서 연구를 수행하는 것이 최적인 경우가 많다. 참여자들의 상상력을 필요로 하는 비디오 프로토타이핑video prototyping과 같은 기법과는 달리, 현장 실험field experiment은 디자인 프로브와의 자연스러운 상호작용을 발생시킬 수 있으므로 현실 세계에서 제공되는 자발적이고 계획되지 않은 이벤트를 관찰할 수 있다. 참가자는 평소에 수행하던 어떤 과업이라도 간단히 수행할 수 있고, 따라서 일상적인 경험들이 드러날 수 있다.

예를 들어, 앞서 소개한 자동차 인테리어 프로젝트에서 나와 동료들은 연구 참여자들과 함께 일상생활에서 일어날 수 있는 일반적인 주행 경로에 동행했다. 우리는 뒷좌석에 앉아 그들이 동네 가게에서 심부름을 하고, 직장으로 통근하고, 학교에 아이들을 데리러 가는 모습을 관찰했다. 실제로 교통 체증에 갇힌 차 안에 있다 보면, 하루의 시간, 당면한 일, 또는 날씨와 교통과 같은 예측할 수 없는 환경

조건에 따른 행동 변화를 알아볼 수 있다. 우리는 이 기법을 사용하여 참여자가 이미 제자리에 배치를 마친 자동차 인테리어의 디테일과 상호작용하는 모습을 관찰하였다. 그다음, 터치스크린 대시보드 인터페이스와 폼 보드로 만들어진 모의 도어 패널 등의 여러 가지 다른 모형으로 구성된 디자인 프로브와 그 상호작용을 대조해 보았다. 이 과정은 사람들이 차의 인테리어와 어떤 상호작용을 필요로 하는가에 대해 많은 인사이트를 제시해 주었다. 이것은 어떻게 뒷좌석 승객과 간식을 공유하는가, 혹은 기상 조건이 변화할 때 변하는 대시보드 디스플레이에 어떻게 집중할 것인가와 같이 굳이 인터페이스의 일부일 필요가 없는 것들까지 모두 포함했다.

비디오, 포토 시퀀스와 애니메이션 프로토타이핑

위의 기법은 이를 기록했다가 나중에 인사이트를 뽑아내기 위해 다시 검색하게 되는 관찰 리서치observational research에 도움이 된다. 일례로서, 바디스토밍은 상호작용을 설명하는 일련의 이미지나 인간과 제품 사이에 오고 가는 전반적인 대화를 통해 포착된다. 로봇 목시를 개발할 때 나는 팀원들이 모의로 구성한 환경에서 실제 인공물을 사용하여 로봇과 간호사의 역할을 연기하는 워크숍을 진행했다(자세한 내용은 6장의 '연구실에서' 섹션 참조). 그러나 관찰이 이루어지기도 전에, 잠재적 사용자에게 사용법을 설명하는 방식으로 행동에 영향을 미치는 시각적인 수단을 사용함으로써 의도된 상호작용의 프로토타입을 만들 수 있었다. 또 다른 예를 들어 보자. 우리 스튜디오에서는 상황에 따라 위치를 바꾸거나, 책상 위의 한 점을 비추거나, 벽 전체를 확산광으로 채우는 등 사람의 신호를 받아 움직이는 로봇 램프 제품을 개발해 왔다. 제안된 디자인은 램프의 동작을 활성화시키기 위해 음성 명령과 제스처를 쓰게 되어 있었다. 첫 단계에서 우리 팀은 폼 보드와 핀을 써서 분절형 모형을 만들었다. 이 모형은 미리 구상한 다양한 모드를 구현하기 위해 주요 관절을 통해 움직이는 목업이었다. 모터가 있을 위치에는 회전의 중심축으로서 핀을 꽂았고, 진짜 모터로 움직이는 관절을 프로그램 하고 구동하는데 시간을 낭비하지 않고 의도했던 움직임과 비슷하게 만들기 위해 한 번에 한 장의 사진을 찍은 다음 위치를 변경하는 스톱 모션 애니메이션 기법을 사용했다. 우리는 대화의 핵심 내용을 완벽하게 보여주기 위해 여러 장의 사진을 사람과 함께 연출함으로써 신뢰할 수 있는 상호작용을 구축할 수 있었다. 사람이 책상에서 벽으로 향하는 동작을 취하는 것이 보여지자, 램프는 하향에서 상향으로, 집중광에서 확산광으로 포지션을 바꾸었다.

피지컬 프로토타이핑

앞서 소개한 탐색적 방법을 통해 충분히 준비된 스크립트가 정해지면, 해당 스크립트를 앞에서 논의한 표현 수단으로 변환하는 과정에서 계속 떠오르는 중요한 질문이 있을 것이다. 배달 로봇 프로젝트에서 물건을 수납하는 컴파트먼트compartment를 디자인할 때, 팀은 그 수납용 서랍의 상태에 대한 피드백을 제공하기 위해 시각적 언어를 테스트할 방법이 필요했다. "서랍이 닫혔지만 카드 키로 잠기지 않았음을 나타내기 위해 빨간색으로 깜박여야 하는가?"라는 질문과 함께, 그 외의 상태(완전히 열린 상태, 닫힌 상태, 잠긴 상태 등)에 적합한 시각적 단서를 궁금하게 여겼다. 이 단계는 아두이노나 라즈베리 파이 같은 기성의 마이크로컨트롤러 키트를 도입하기에 매우 적기이다. 질문의 초점이 서랍에 맞춰져 있으므로 폼 보드로 간단한 서랍 모형을 만들고, 잠금 상태에 연동되도록 LED를 프로그래밍하면 된다. 프로세스의 맨 처음 단계에서는 LED 빛의 색과 같은 색으로 마커 드로잉을 한 포스트잇 페이퍼 프로토타입paper prototype 정도면 충분할 수도 있지만, 실시간으로 빛나는 램프의 존재는 사람들의 효과적인 지각을 돕기 위한 훨씬 더 직접적이고 정확한 감각을 제공하는 피지컬 프로토타이핑physical prototyping을 통해 상호작용의 정확한 타이밍, 색상과 강도에 대한 매칭을 가능하게 한다.

장기적인 상호작용

여기에 나열된 모든 상호작용 프로토타이핑 방법 및 기존의 방법들은 새로운 디자인 시나리오, 즉 새로운 제품 상호작용 도입에 중점을 둔다.

새로운 시나리오를 지향하는 것은 근본적으로 당연한 일이지만, 인간과 제품 사이에는 시간 이 경과함에 따라 진화하는 주요 대화도 많다. 따라서 계획된 입력 해석과 출력 반응은 처음 몇 번 사용하거나 사용 첫해 동안은 의미가 있지만, 시간이 지나면서 관계가 진행되고 성숙해지기 때문에 특정 부분이 변경되어야 할 수도 있다.

니토 봇백Neato Botvac 로봇의 인터랙션을 디자인할 때, 우리 팀은 제품 소유 기간에 걸친 제품과 사용자 관계를 매핑했다. 우리는 신혼여행 기간이라고 생각할 수 있는, 박스에서 막 꺼낸 후의 경험을 시작으로 관계에 대한 네 가지 주요 단계를 제시했다. 특히 로봇과 같은 새로운 경험을 할 수 있는 제품으로 우리는 제품과의 연결을 강화하고 제품의 특징을 강조하기 위해 증강된 상호작용을 계획할 수 있겠다고 생각했다. 생동감 있는 소리와 표정 있는 움직임은 처음 사용할 때 특히 사랑스러운 느낌을 준다. 뿐만 아니라 로봇이 빛, 소리와 움직임을 행사하는 순간을 사용자가 학습하는 기회로 활용할 수도 있을 것이었다.

우리가 구상한 두 번째 단계는 더 이상 로봇이 튜토리얼 모드에 있지 않고 실제 첫 번째 청소에 돌입한 단계로, 제품과 사용자 간 상호작용의 수행적인 측면은 일부 약화될 수 있다. 그러나 아직까지는 여전히 새로 시작된 관계이므로 로봇이 행동하는 방식에 따라 주요 캐릭터 속성을 묘사하는 것을 권장한다.

마지막은 일상적인 사용 단계인데, 모든 다른 관계와 마찬가지로 제품과 그것을 사용하는 사람은 새로움이 닳아 없어지는 성숙한 관계에 접어들게 될 것이고,

제품은 가정에서 일어나는 활동 배경의 일부로 치부될 수 있다. 이 경우 일부 소리는 줄이거나 제거하고, 다른 과장된 동작들은 비교적 평이하게 수정함으로써 유지 보수에 필요한 경우가 아니라면 로봇에 주의가 덜 쏠리도록 할 필요가 있다.

방법 선택, 학습, 반복

인터랙션을 디자인하는 것은 기본적으로 인간과 제품 사이의 새로운 관계를 구상하고, 사용을 통해 발생할 모든 미지의 것들을 예측해야 하기 때문에 어려운 작업이다. 연구 계획을 세우는 것 자체가 하나의 프로젝트일 정도로 다양한 방법이 있다. 그렇다 하더라도, 연구 프로세스를 어디에서나 간편하게 시작해서 통찰력이 떠오를 때마다 간결하게 대응함으로써 미지의 정보가 넓게 펼쳐진 공간에 의해 무기력하게 되는 것을 피하는 것이 중요하다. 다시 말해, 시작할 때는 단순히 미지의 어떤 것과 함께 시작하자. 그 어떤 것은 다음에 디자인할 것이 무엇인지 가르쳐 줄 수 있는 더 많은 질문을 도출하도록 돕는다.

위의 방법을 통해 얻은 통찰력을 바탕으로, 일어날 수 있는 여러 종류의 상호작용이 더 명확히 정의될 수 있고, 팀은 특정 순간을 통해 인간과 제품 교류의 디테일한 부분을 탐색하고, 보다 구체적인 프로젝트에 특화된 디자인 결정을 제공할 수 있는 소품과 대화형 프로토타입을 개발할 수 있을 것이다.

- 인간-제품 인터랙션은 대부분 그들 사이에서 일어날 수 있는 대화에 의해 정의된다. 때문에 디자이너로서 중요한 일은 단어와 구문을 입력과 출력으로 대체하여 발생할 대화를 구성하는 것이다.

- 입출력은 다양한 형태를 취할 수 있고 전통적으로 제품에 내장된 것보다 더 많은 모양과 제스처, 재료로 구성될 수 있다.

- 오늘날의 기성 마이크로컨트롤러 시제품 제작 키트를 사용하면 매우 적은 비용이나 시간으로 특정 상호작용의 작업 모델을 구축할 수 있다. 아두이노나 라즈베리 파이를 위해 형성된 방대한 온라인 포럼이나 커뮤니티 기반 리소스의 도움을 받아 하루 만에 약식 프로토타입을 쉽게 만들 수 있다.

- 입력은 두 가지 종류로 나눌 수 있다. 하나는 버튼으로 제품에 의해 온-오프 상태에 대한 선택 메시지로 인식되는 입력을 의미한다. 다른 하나는 핸들로 일정 범위의 연속되는 값으로 결정되고 지각되는 입력을 뜻한다.

- 제품 센싱에 대한 생각을 발전시켜 나가는 유용한 방법은 터치, 듣기, 그리고 보기와 같은 인간 감각의 관점에서 생각한 다음, 터치 패드 또는 광센서와 같은 전자적 등가물electronic equivalent을 고려하는 것이다.

- 성공적인 사회적 상호작용은 인간-제품 간 대화를 스크립트로 매핑함으로써 정의된다.

- 상호작용 전략을 만들기 위한 확립된 방법에는 행동 구현, 맥락적 탐구, 현장 연구, 오즈의 마법사, 스케일 시나리오, 그리고 사진 시퀀스/비디오/애니메이션 등으로 만든 프로토타입이 포함된다. 이들 중 일부는 유치하거나 지능이 모자라는 것처럼 느낄 수 있지만, 인간과 제품 사이의 사회적 교류를 예행해보는 것은 프로젝트의 가장 중요한 통찰력을 얻어내는 방법이다.

- 인간-제품 인터랙션의 본성 관점에서 볼 때, 제품과 함께해 온 시간이 길어짐에 따라 제품 행동을 보다 적절하게 바꿔주려면 장기적인 변화를 고려해야 한다.

안드레아 토마스와의 인터뷰

안드레아 토마스는 딜리전트 로보틱스의 CEO이자 오스틴 텍사트 대학교 University of Texas 소셜리 인텔리전트 머신즈 랩의 소장이다.[I]

로봇 인터랙션을 디자인할 때 목표로 하는 시나리오가 있나요?

저는 공장 환경이 아닌 집, 식료품점, 사무실 건물, 병원 등과 같은 사람들을 위해 설계된 환경에 노출되도록 의도된 '서비스 로봇'에 매우 관심이 많습니다. 인간 환경에 알맞게 로봇을 개조하는 일은 우리 연구실에서 항상 고민해왔던 문제입니다.

로봇이 인간과 같은 공간에 존재하고 그들과 함께 일하려면 사회적 규범의 모델을 가지고 있어야 합니다. 로봇은 사람들이 이 환경에서 무엇을 할 것인지에 대한 기대치를 이해할 수 있어야 하므로 일정 수준 이상의 사회적 지능을 내장해야 합니다. 저는 이렇게 설계된 로봇을 '소셜 로봇social robot'이라고 부릅니다. 비록 이 로봇이 사람에게 언어로 소통할 수 없고, 특정 물건을 사람에게 건네줄 수 없다고 하더라도 말이죠.

I Andrea Thomaz, interview by Carla Diana and Wendy Ju, audio recording, New York, NY, November 6, 2017.

이러한 시나리오는 로봇 기능의 측면에 있어서 어떤 의미를 지니나요?

우리가 개발하고 있는 로봇에는 세 가지 주요한 기능이 있습니다. 공간 속에서 움직일 수 있고, 물건을 조작할 수 있는 손이 있으며, 일종의 사회적 표현력을 가진 머리가 그것입니다.

조지아 공과대학과 텍사스대학교 모두에서, 우리는 연구실을 스튜디오 아파트와 같이 설정했기 때문에 환경이 가정의 환경과 매우 흡사합니다. 이곳에는 부엌과 거실이 있고 새로운 연구실에는 세탁실과 옷장 환경을 설정하고 있습니다.

주방 구역에는 컵에 무언가를 따르고, 테이블을 세팅하고, 식탁을 정리하고, 식료품을 선반으로 치우는 일과 같은 작업이 있을 겁니다. 스토브와 전자레인지도 있어서 로봇이 파스타를 떠낸 다음 소스를 부어서 식사를 제공하도록 하는 등 간단한 상 차리기 작업을 수행해왔습니다. 우리는 아직 로봇이 모든 요리를 할 수 있는 수준까지는 이르지 못했습니다. 하지만 궁극적인 비전은 폴리Poli가 처음부터 끝까지 작업을 수행하도록 하는 것입니다.

소셜 어포던스에 대해 이야기해 보죠. 로봇에게 말을 하거나 로봇이 무언가를 묻는다고 이야기를 해주셨는데, 대화하는 것을 주요한 상호작용 방식으로 사용하고 있나요?

우리는 다양한 상호작용 방식에 관심이 있습니다. 종종 우리는 사람들이 로봇의 팔을 움직여 로봇에게 무언가를 하는 방법을 보여주게 하고, 로봇은 일반적으로 어떤 형태의 구두 피드백을 제공하게끔 하고 있습니다. 정보가 수신되었다는 표시로서 '네/어어/오케이'와 같은 식의 답변이 자주 나왔습니다.

또한 물리적 스킬에 대해 구두로 질문하는 방법을 살펴보기 위해 스피치 채널에 조금 더 깊이 들어가는 학생들도 있었습니다.

그런 다음 우리가 다루고 있는 객체의 의미론적 존재론을 가질 필요가 있습니다. 우리는 사물에 대해 좀 더 쉽게 이야기할 수 있도록 체현과 언어를 조합하여 사용하는 것이 재미있었습니다.

로봇이 몸을 움직여 물리적으로 시연을 한 후 "이걸 의미하신 건가요?"와 같은 질문을 하게 하는 것은 흥미로웠습니다. 만약 아니라고 대답하면 로봇은 "아, 이 부분에서 제 손목의 각도가 문제인가요?"라고 되물었을 겁니다. 손이나 손목과 같이 신체의 포지션과 해부학적 부위에 대한 이름만 있으면 되기 때문에 사람이 요구하는 것을 단순화할 수 있는 거지요. 그런 다음 줄임말인 이것, 저것과 같은 단어를 사용할 수 있습니다. 만약 응답자가 "그래, 손목이 중요해."라고 말한다면, 우리는 사람이 수긍할 수 있다고 여겨지는 범위에서 몇 가지 변화를 보여 줄 수 있습니다. 이것들은 신체적 스킬과 질문하기를 결합하여 수행하는 의사소통 방법의 일부입니다.

로봇의 의도를 이해하기 위한 인간의 능력에 대해 이야기해 줄 수 있나요? 무엇이 프로젝트를 더 좋게 혹은 더 나쁘게 만드나요?

의사소통을 위한 행동 의도action intention가 중요합니다. 우리는 시선이나 주의 방향을 행동 의도의 전조로 사용합니다. 말하자면 여러분이 무언가를 잡기 전에 바라보고 행동하거나, 상호작용을 하려는 위치를 쳐다본다는 것입니다. 또한 사람들은 로봇에게 정보를 전달하고 그 정보가 수신되었음을 알아야 하기 때문에, 특히나 학습 상호작용learning interaction에서는 작은 음성 피드백을 사용합니다. 예를 들면 단순한 '네/오오/오케이/알았어' 등의 스피치를 추가하는 것이었습니다. 로봇이 사람이 무언가를 말할 때마다 그중 하나를 무작위로 말한다고 하더라도 최소한 상호작용이 계속되고 있고 로봇이 정상 상태라는 것을 알려줍니다.

우리는 사람들에게 상호작용의 현재 상태를 알 수 있게 하는, 적절한 정도의 투명성을 유지할 방법으로서 로봇의 시선eye gaze과 음성 출력speech output에 대해 종종 생각합니다. 때때로 정말 간단한 경우가 생길 텐데, 가령 로봇을 학습시키기 위해 사람들을 투입했을 때, 그들은 실험을 진행하는 리서처들에게 "계속해야 할까요, 아니면 충분할까요?"라고 되물어 보곤 했습니다. 실험이 별도의 지시 없이 계속 진행되도록 적절한 때에 시선이나 음성 출력 등 약간의 투명도를 추가할 수 있었습니다.

로봇의 체현이 눈과 귀와 같이 우리가 지각 입력으로 생각하는 것들을 강조할 수 있고, 사람들에게 사회적으로 접근하는 방법을 안내할 수 있다는 것이 흥미롭네요.

우리는 사람들이 관심을 갖는다는 사실을 확인하고 있습니다. 로봇이 맡은 일에 집중하고 있다면, 로봇에게 말을 걸기 전에 사람들은 로봇이 자기를 쳐다볼 때까지 기다릴 것입니다. 그들이 로봇이 바쁘다는 것을 이해하게 되면, 그들은 할 말을 하기 위해 로봇이 자신을 쳐다볼 때까지 기다려야 한다는 것도 알게 된다는 말이지요. 그러면 로봇은 어떤 시점에 어떤 지각 흐름perceptual stream을 사용할 준비가 되어 있는지 보여줌으로써 입력을 제어하거나 속도를 조절할 수 있습니다.

사회적 맥락이 제품 개발에 어떤 영향을 미칩니까?

우리는 딜리전트 로보틱스와 합작하여 병원 환경에 특화된 목시와 같은 로봇을 만들고 있으며, 간호사와 협업하고, 수술을 도와주고, 물류 작업을 수행하는 등의 매우 구체적인 시나리오에 대해 생각하고 있습니다. 이전의 연구 로봇과는 확실히 다른 디자인 프로세스입니다. 왜냐하면 우리는 항상 어떤 과업에도 국한되지 않고 개방적인 로봇에 대해 매우 일반적인 목적을 가지고 있었기 때문입니다. 특정한 시나리오를 염두에 두고 디자인을 생각하는 것만으로도 만족스럽습니다.

우리는 이미 어떤 위치와 시기에 소리를 내는 것이 적절한 것인지를 감각적으로 표시하는 것에 대해 생각하고 있습니다. 언제 어디서 이야기하는 것이 적절할까요? 대화하기에 적절하지 않은 장소도 있고 잡담해도 괜찮은 장소도 있기 때문입니다. 이런 것들은 우리가 아직 깊이 다루지 못한 것들이며, 또한 작업 프로세스에서 매우 흥미롭게 다뤄져야 할 부분이라고 생각합니다.

6장

맥락을 디자인하라

오스틴의 어느 더운 오후, 나는 안드레아 토마스의 소셜리 인텔리전트 머신즈 랩의 연구 분파로 성장한 회사인 딜리전트 로보틱스 팀과 함께 즉흥적으로 휴식 요가 시간을 가지게 되었다.

안드레아는 랩의 연구 성과로 얻은 통찰을 건강관리 로봇 개발에 적용할 수 있는 기회가 생겼다. 투자자들은 병원 환경을 위한 로봇이 시장에 출시되는 것에 관심이 많았고, 지속적으로 시간을 낭비하게 만드는 지겨운 물품 가져오기 작업에 압도되지 않도록 하면서 병원 직원들이 환자들에게 충분히 집중하게 도와줄 수 있는 솔루션이 절실히 필요했다. 텍사스의 햇볕을 쬐면서, 나는 우리의 오후가 환자에게 기울일 직접적인 관심을 극대화하기 위해 로봇과 간호사가 어떻게 협력할 것인지를 구상하기 위한 바디스토밍 연속 연습으로 완전히 채워질 예정이었기 때문에 모두에게 긴장을 풀도록 격려했다.

나는 "아래층으로 내려가서 복도 훈련을 합시다."라고 말했고, 분주하고 스트레스가 많은 병원 환경의 복도를 로봇이 자유롭게 돌아다닐 수 있도록 하는 데 있어서의 어려움에 대해 함께 이야기를 나누었다. "로봇은 사람이 근처에 있다는 것을 인식할 수 있어야 합니다. 바로 옆에서 아무것도 하지 않고 그냥 지나치게 되

164

면 이상할 테니 말이죠."라고 연구팀의 리더 아가타가 말했다. 그리고 우리는 사람들이 서로의 존재를 인식하는 다양한 방법과 그것이 어떻게 로봇의 머리와 몸의 움직임으로 해석될 수 있는지에 대해 논의했다. 수석 엔지니어 알프레도는 "로봇이 누군가에게 너무 가까이 있으면 실례한다고 말해야 하지 않을까요?"라고 물었고 우리는 모두 이에 동의하며 "안녕하세요."가 아닌 "실례합니다."라고 말해야 할 임계 거리에 대해 논의했다.

이후에 목시라고 이름 지어질 이 로봇은 복도를 돌아다닐 때 기능 측면에서는 기술적인 핵심 과업 중 어떤 것을 수행하게 되겠지만, 매 순간 일어나는 사회적 상호작용은 신뢰와 지능, 안전에 대한 기대치를 설정해줌으로써 로봇이 어떻게 인식될 것인지에 큰 영향을 미칠 것이었다. 로봇의 위치와, 주어진 순간에 주변 사람들의 심적 상태에 대한 민감성은 더 큰 디자인 전략을 짜는 데 매우 주효했고, 디자인 프로세스에서 맥락이 가지는 역할의 훌륭한 사례가 되었다. 모의 병원 시설과 기타 폼 보드 소품까지 갖추고 계속 이어진 바디스토밍 연습은 목시의 후속 디자인과 행동의 기초가 되어, 움직임, 소리, 조명 설계를 위한 프로그래밍과 디자인 가이드라인 구축으로 팀을 유도해 주었다.

그림 6-1 소셜 디자인 프레임워크의 네 번째 원주 – 맥락

　　제품과 사람 사이에 대화형 피드백 루프를 만들기 위해 센서 시스템이 사람과 환경을 감지하고 반응하는 방식과 유사하게, 우리는 센서 입력(제품이 듣는 것, 보는 것과 느끼는 촉각)과 정보 데이터(시스템이 알고 있는 지도 정보, 캘린더 이벤트, GPS 위치 등)를 사용하여 맥락이 무엇인지 추론하고 적절하게 응답할 수 있다. 운동용 자전거는 타는 사람이 성대한 저녁 파티 다음날 아침 체중계에 올라왔을 때, (갑자기 늘어난 체중만큼) 칼로리를 더 많이 소비시키기 위해 더 강렬한 운동을 제시할 수 있다. 뉴스 디스플레이가 있는 침대 옆 알람 시계는 오늘이 7월 4일(미국의 독립기념일)이라는 것을 이해할 수 있으며, 따라서 다른 주중에 적절할 수 있는 비즈니스 관련 이벤트보다는 지역 불꽃놀이에 대한 행사 뉴스를 표시하도록 기본 설정될 수 있다.

디자인 팀은 디자인에 앞서 설명한 모든 측면을 반영할 뿐만 아니라, 제품이 존재하는 장소의 사회적 맥락이 주요 디자인 결정에 어떻게 작용하는지를 알아내고 적절히 고려해야 한다. 맥락적 고려 사항에는 상호작용이 발생하는 광범위한 환경뿐만 아니라 상호작용의 구체적인 작업, 시기, 목적과 역할이 포함된다. 제품의 상호작용과 표현 능력도 중요하지만, 언제, 어디서, 어떻게, 누구를 위해 행동해야 하는지 아는 것은 사람들에게 그들이 환영받고 이해받는다는 느낌을 주는 제품을 디자인하는 데 핵심이다.

맥락 기반의 마인드셋

나는 항해에 대한 경험을 제품의 맥락을 이해하고 이것이 디자인 결정에 미치는 영향에 대한 좋은 은유로 생각한다. 친구의 배에 초대받아 갔을 때 나는 요트의 선장 역할에 대해 배우고 싶은 강렬한 욕망을 갖게 되었다. 나는 기선 기초 101Basic Keelboat 101 코스에 등록했고, 순진하게도 보트를 운영하는 것이 별로 어렵지 않고 곧 세계를 여행해 어디를 가든 요트를 빌릴 수 있을 것이라고 생각했다. 나는 수업을 수료했고 클럽에 가입해서 허드슨강에서 24피트짜리 보트를 항해할 수 있게 되었다. 핵심 지식은 돛을 움직이고 키를 옮기는 것이었지만, 요트를 관리하는 방법을 진정으로 안다는 것은 풍속과 풍향, 임박한 날씨의 변화, 조류(특히나 허드슨강에서는 물살이 세다), 잠에서 깨면 항로를 이탈할 수 있는 인근 보트의 행동, 좌초를 피할 수 있는 수심, 승무원과 승객의 무게와 위치 등과 같은 수많은 요인을 지속적으로 모니터하는 데 달려있었다.

연구실에서: 목시

목시는 간호사가 환자와 직접 대면하는 소중한 시간을 빼앗는 작업장 이면의 고된 일을 지원하는 데 쓰이는 이동 로봇mobile robot이다. 간호사는 종종 물품 보관실에서 물품을 가져오기 위해 환자 곁을 떠나 있어야 한다. 어떤 경우, 간호사는 이러한 작업에 시간의 최대 20%를 할애하기도 하며, 정맥 주사 준비와 수술 후 관리와 같은 상황에 사용할 키트를 조립하기 위해 좁은 부스 안에 고립되어 있는 것을 포함하기도 한다. 다시 말해, 간호사는 하루 중 상당 시간을 환자와 떨어져 재고 확인, 물품 재입고, 전달과 관리를 수행하는 데 많은 시간을 보내는데, 이런 일들의 대부분은 기술로 대체할 수 있는 것이었다. 예를 들어, 모든 제품에는 바코드가 붙어있고 그 위치는 데이터베이스에 저장되어 언제라도 정해진 장소에서 찾을 수 있으며, 의료 키트의 필요 정보는 환자의 신규 입원이나 수술 일정과 같이 그날의 특정 이벤트와 연동되어 컴퓨터 시스템으로 관리가 가능하게 만들 수 있다. 물품 보관실에 드나들고, 제품을 찾고, 조작하고, 수집하고, 배달할 수 있는 로봇이 있으면 안심이 될 뿐만 아니라 환자 중심의 시간을 늘릴 수 있다.[I]

목시는 로봇의 존재 이유 전체가 사회적 지능에 대한 교훈이라는 점에서 흥미로운 케이스 스터디다. 간호사와 환자 사이의 보다 활발하고 집중된 사회적 상호작용을 가능하게 하기 위해 존재한다. 그 외에도 목시는 이미지 인식, 기계 학습, 자연어 교류, 로봇 제어와 탐색을 통해 인공지능의 힘을 활용

I   Evan Ackerman, "How Diligent's Robots Are Making a Difference in Texas Hospitals," IEEE Spectrum Magazine, March 31, 2020.

하는 사회적 지능의 일부 특정 요소를 기반으로 설계되었다. 그것은 많은 정교하고 복잡한 기술을 사용해서 기껏 로봇의 사회적 능력 같은 겉보기에는 하찮아 보이는 것을 제공하려는 일처럼 느껴질 수 있다. 하지만 이러한 기능은 제품 가치의 핵심이자 영혼이다. 단지 병원 장면을 그려보기만 해도 목시의 사회적 지능의 중요성을 이해할 수 있다.

휠체어와 바퀴 달린 들것에 실려 떠밀리는 환자들이 있다. 복도 중간에 멈춰서 차트를 검토하고 예후를 논의하는 간호사와 의사들이 있고, 컴퓨터 카트와 장비가 계속해서 이동하고 있다. 병원에 있는 사랑하는 사람을 방문하면서, 여러분은 아마 목시가 감당해야할 것 같은 문제를 경험한 적이 있을 것이다.

로봇의 이동 능력을 이해하는 것 외에도, 병원 직원들은 목시가 새로운 업무를 배우도록 훈련시킬 수 있어야 했다. 이 경우 사회적 상호작용은 버튼 누르기나 전문 소프트웨어를 배워야 하는 사람들의 대체재가 된다. 간호사들은 애정 어린 반응을 보이며 데모가 끝나면 로봇이 떠나야 하는 것을 섭섭해했다. 그들은 공간을 이동할 때 취하는 목시의 기본 형태인 손을 위쪽으로 치켜세운 모양을 모방하여 두 손가락을 들어 올리는 특별한 손 신호를 고안했다. 어떤 한 간호사는 "우리는 그녀를 기계로 생각하지 않아요."라고 외쳤다. "그녀는 그냥 목시거든요!"[1]

---

[1] Texas Health Resources, "Moxi the Robot" video, November 27, 2018, https://www.youtube.com/watch?v=MVC4YAT2dNs.

목시는 사회적 지능의 극단적인 예이지만, 로봇 디자인을 좌우하는 원칙의 일부는 다양한 유형의 다른 제품에도 적용될 수 있다. 다음은 로봇 또는 제품과 사람 간의 원활한 교류를 제공하기 위해 만들어낸 상호작용의 주요 상황에 대한 설명이다.

인정: 목시는 사람이나 무리 옆을 지나갈 때 일정 거리 내에 있으면 '실례합니다'라고 말하도록 프로그래밍 되어 있다. 이것은 내비게이션이 그들의 존재를 염두에 둘 것이라는 확신을 제공한다. 더 많은 제품이 사회화됨에 따라, 이것은 점차 더 중요해질 것이다. 일례로, 누군가가 아마존 에코Amazon Echo와 같이 듣는 장치가 있는 방에 들어가면 발광 또는 섬광과 같이 사람들에게 인식시키는 방법을 찾는 것이 적절할 것이다.

피드백: 목시가 정맥 주사 키트를 조립하는 것과 같은 반복적인 작업을 하도록 충분히 숙련이 되면, 그 작업은 학습한 시퀀스의 일부로 기록되고, 또 기록 상황을 사람들에게 알려줄 것이다. 트레이너가 팔이나 손을 주어진 위치로 움직이며 "여기로 가세요"라고 말하면, 목시는 '네'라고 대답한다. 간결한 교환이지만, 교육 세션을 원활하게 진행하는 효율적인 방법이다. 로봇이 명령을 이해하지 못하거나 어려움에 처한 경우, 로봇 얼굴의 LED 그리드는 그 어려움에 대한 더 풍부한 정보를 전달하는 표현을 할 수 있다. 피드백은 기대치를 확인하여 좌절을 최소화하는 모든 상호작용형 제품의 필수적인 속성이다.

참여와 공유된 관심: 피드백을 위한 목시의 LED 그리드는 목을 중심으로 회전할 뿐만 아니라 위아래로 끄덕여지는 표현형 헤드 내에 위치한다. 로

봇의 사랑스러운 디스플레이가 지닌 참신함을 넘어, 이 움직임은 로봇과 상호작용하는 사람과의 교감을 제공하는 기능을 한다. 로봇이 언제나 화자를 향해 회전해서, 관련 없는 작업을 수행하거나 다른 사람과 소통하지 않고 해당 사람과 대화 중이라는 명확한 의지를 전달한다. 가방을 옮겨야 할 때 같이 사람과 로봇이 특정한 위치나 물체에 대해 의사소통해야 하는 경우, 로봇은 머리를 그 방향으로 돌려 해당 주제에 대해 공유된 관심을 나타내는 사회적 제스처를 제공한다. 제품의 상호작용성이 높아짐에 따라 이 같은 사회적 신호를 구축하는 방법을 찾는 것이 인간과 제품 간의 대화를 간소화하는 데 도움이 될 것이다.

의도 소통: 목시가 작업 중일 때, 로봇은 다른 사람과 새로이 관여하지 않을 뿐만 아니라 작업을 중단해야 할 필요가 있을 때만 차단이 가능하다. 이러한 상황에서는 화면 그래픽이나 애니메이션이 로봇의 관심 대상이 어디에 있는지와 그 이유를 표시해 준다. 의도된 커뮤니케이션은 모든 상호작용형 제품에 장점을 부여한다. 예를 들어, 태블릿 앱은 업데이트를 설치하는 동안 보통 새로운 다른 입력에 대응하지 못한다. (진행 상태를 나타내는) 회전하는 동그라미는 사용자를 좌절시키기 일쑤이겠지만, 상태를 설명하고 시간이 얼마나 걸릴지 알려주는 잘 다듬어진 화면 디스플레이는 제품 만족도를 높이는 데 큰 도움이 될 것이다.

맥락에 맞는 소통: 사람들은 다양한 환경과 거리에서 목시와 상호작용한다. 특정 거리 이내에서는 로봇은 소통 수단으로 LED 매트릭스 디스플레이와 헤드 제스처를 사용한다. 더 가까이 가보면, 태블릿이 로봇의 백팩에 장착되어 있어 로봇이 배달하려고 하는 운반품 목록과 같은 특정 정보

를 제공한다. 로봇 머리 위의 빛나는 밴드는 로봇의 상태를 멀리서 읽을 수 있도록 하여 간호사가 로봇이 작업 중인지 아니면 도움이 필요한 문제에 부딪혔는지 알 수 있게 한다.

비록 목시는 매우 복잡하고 전문화된 제품이긴 하지만, 그를 통해 얻어진 교훈은 모든 기타 상호작용형 제품에 적용할 수 있을 것이다.

배를 몰아서 선착장에 넣는 것 같은 간단해 보이는 일도 모든 요소를 고려해야만 순조롭게 진행될 수 있었다. 물로 나갈 때마다, 나는 내가 예상했던 것보다 더 배울 것이 훨씬 많다는 것을 발견했다. 결국 "보트 조종하기"는 항해를 바라보는 편협하고 위험한 방식이라는 것을 알게 되었고, 위대한 선장은 큰 맥락에서 한 번에 6~7가지 요소를 생각하며 염두에 두고 그에 따라 항로를 바꾸면서 항해한다는 것을 깨달았다.

사회적 지능에 관하여 얘기하자면, 우리는 주변에서 일어나는 일에 대한 방대한 양의 맥락적 정보를 직관적으로 고려한다. 선원이 바람, 하늘, 수면 위, 그리고 보트 교통을 끊임없이 살펴보는 것처럼, 우리는 어떻게 행동할지에 대한 결정을 내릴 때 우리 주변의 수많은 요소를 살핀다. 인간으로서 이것은 자연스럽게 느껴지지만, 어떤 물체에 이와 같은 사회적 지능을 불어넣는 것은 엄청나게 복잡해서 간단한 프로그램 용어로 정의하기 어렵다. 이것을 디자인 문제로 접근하려면, 제품 주변의 모든 맥락적 요인을 파악한 다음, 더 큰 사회적 맥락에서 내리는 의사결정에 어떻게 센서 데이터를 사용할 수 있을지 그 방법을 생각해야 한다. 당신이 들어가려는 어떤 방에 대해 직관적으로 알고 있는 모든 것들을 고려해 보자. 얼마나 많은 사람이 거기 있는지 뿐만 아니라 각 사람의 심적 상태를 이해하고 그에 따라 행동하기 위해 많은 데이터를 취득한다. 만약 당신이 디너 파티에 갔다면, 당신은 주최자가 앉을 시간이라고 말할 때까지 서서 기다려야 할 것이다. 일단 테이블에 앉으면 낯설고 수줍어하는 사람들을 대화에 참여하도록 끌어내는 데 노력할 것이다. 몇 시간 후에 대화가 끊겨 가면, 당신은 슬슬 작별을 준비해야겠다고 생각할지도 모른다. 그리고 주최자가 다음날 아침에 출근해야 할 것을 안다면, 당신은 당신의 출발 시간 맞추기에 특히 민감하게 될 것이다. 각각 다른 경우마다 당신의 입장이 바뀔 것이고, 당신의 목소리 톤이 달라지며, 당신이 주의를 기울이는 사람도 바뀔 것이다. 이러한 결정은 모두 맥락이 주는 정보, 즉 그날 시간대와 장소, 당신의 심리 상태와 함께 있는 사람들이 처한 상황에 따라 결정된다.

이제 파티 주최자와 초대된 손님들의 니즈를 충족하도록 설계되어 '스마트'한 사회적 인지 능력을 탑재한 샹들리에를 상상해 보자. 캘린더 데이터에서 파티의 예정된 시간을 읽고 그날 내내 펼쳐질 일련의 행동을 설정할 수 있다. 게스트 리스트의 규모를 알고 참석자 수에 따라 대략의 테이블 점유 영역을 조정하여 적절한 조명을 켠다. 손님들이 도착하고 근처 방에 손님의 존재가 감지되면 점멸하는 애니메이션을 부드럽게 순환시켜 밝음에서 어두움으로, 다시 밝음으로 전환한 다음 모두가 자리에 앉으면 점멸을 멈추기도 한다. 일단 손님이 앉고 저녁 식사가 진행되면 밝은 흰색 조명으로 저녁을 시작하고 점차 조도를 낮추면서 더 편안하고 따뜻한 오렌지색 조명으로 차츰 전환한다. 주최자가 접시를 내어 올 때, 테이블의 특정 영역에 스포트라이트를 비춰 접시를 강조할 수 있을 것이다.

샹들리에의 동작 중 일부는, 발생하는 대화의 양, 사람들 간의 거리가 얼마나 가까운지, 알맞은 조명의 질과 조명 패턴으로 조정하기 위해 주중 또는 주말 밤인지와 같은 여러 요인을 감안한 정교한 데이터의 조합에 기초할 수 있다. 다른 동작들은 테이블에서 주최자의 위치와 같은 간단한 신호에 기초할 수도 있다.

스마트폰의 장단점

스마트폰이 더욱 정교해짐에 따라 카메라, 오디오, 손전등, 스캐너, 게임 컨트롤러, 알람 시계, 스톱워치, 심박수 모니터 등 실제 제품과 동일한 기능을 제공하는 앱이 점점 많아졌다. 자연스럽게 스마트폰은 제품 '킬러'로 여겨졌다. 스마트폰의 센서와 고해상도 그래픽의 카메라를 결합할 수 있는 능력은 많은 유용한 앱을 제공할 수 있는 기회를 낳았지만, 맥락상의 어려움 때문에 가능한 최고의 경험을 제공하지 못하는 경우가 많았다. 그것은 스마트 제품에 대한 스위스 아미 나이프Swiss Army knife(다양한 종류의 날들이 여러 개 달려있는 작은 접이식 칼) 식의 접근법으로, 제품은 많은 작업을 적당히 잘 수행할 수는 있지만 상황의 더 큰 요구사항을 충족할 수 없어서 어느 것에도 탁월하지는 않다.

내가 요트 경주할 때를 예로 들자면, 심판단이 타는 보트에는 5분과 1분을 알려주는 물리적 타이머와 보트의 어디에서든 모두가 볼 수 있는 10cm 높이의 숫자를 표시하는 밝은 LED 조명이 있어 경주 시작을 알리곤 했다.

그 전주에 타이머를 수리하기 위해 철거했을 때, 내 친구 빌은 스마트폰에 있는 타이머 앱을 대신 사용했는데, 햇빛 아래에서 화면은 보기 어려웠고, 한 번에 한 사람만 볼 수 있었으며, 전화기를 물에 빠뜨리게 될까 봐 겁을 냈다. 마지막 카운트다운이 진행되는 중에 빌이 때마침 문자 메시지를 읽기 위해 앱을 전환했을 때, 나와 다른 친구들은 그에게 당면한 과제를 잘 해내도록 급히 다그쳐야 했다. "빌, 무슨 일이야? 어서 초를 재야 해!"

디자인을 위한 맥락 이해하기

맥락은 매우 방대한 주제이고 관련된 사람, 사람들의 위치, 요일이나 하루 중 시간, 주의의 대상이 되는 목표에 따라 변하는 다양한 상황을 포함한다. 가정이나 직장에서 제품을 디자인하는 디자이너에게는 날씨나 하루 중 시간과 같은 요소를 개별적으로 보는 것보다 훨씬 광범위하며, 다음과 같은 전체적인 상황을 파악해야 한다.

- 혼자 영화 보기
- 욕실 거울을 보며 몸단장
- 취미로 정원 가꾸기
- 운전하기
- 늦잠 자기
- 손님 즐겁게 하기
- 평일 오후 5시
- 봄철
- 추수감사절의 만찬
- 선거철
- 주말 아침 식사

게스트-호스트 관계: 맥락 중심의 디자인

어린 시절 가족과 함께 밀라노로 여행 갔을 때, 나는 항상 페르난다 이모네 집에서 우리 집과 같은 편안함을 느꼈다. 그곳에서 우리는 여행 중 잠깐씩 오후에 차를 마시며 휴식을 취하곤 했다. 몇 년 후, 이모에게서 받은 친절한 대접이 기억나서 얘기를 꺼냈을 때, 그녀는 사람들이 대접받을 때도 소중해지는 느낌을 가지지만 진정으로 편안함을 느끼는 때는 스스로 알아서 할 수 있을 때라고 대답하셨다. "나는 팔이 닿는 곳에 전채 요리를 준비하고 방 어디에서나 다과가 눈에 띌 수 있게 해 놓으려 노력한다." 손님들에게 맛있는 음식을 드릴 여러 가지 방법에 대해 생각하는 것은 재미있지만, 때때로 가장 중요한 것은 사람들이 목이 마를 때 스스로 찾아서 물 한잔을 마실 줄 안다는 사실이다.

나중에 내가 스마트 디자인에서 자동차 인테리어를 위한 새로운 디자인을 구상할 때, '권한이 부여된 게스트'의 개념은 팀의 아이디어 도출에 큰 역할을 했다. 이 프로젝트는 연구 참여자의 선호도와 일상생활을 조사하기 위한 집과 자동차에서의 5시간 심층 인터뷰를 포함했다. 연구 참여자 중 하나였던 브렌다는 유연한 다목적성 자동차로 유명한 미니 SUV인 닛산 로그Nissan Rogue를 가지고 있었는데, "내 차에 탄 승객들은 나의 손님과도 같아요."라고 말했다. "내 아이들이 친구들과 함께 테니스를 치러가든, 고객이 다음 회의로 가는 길에 있든, 내 역할은 항상 같아요. 나는 차를 태워주는 동안 내가 좋은 호스트인지 확인하고 싶어요." 그녀가 표현한 욕망은 디자이너인 내가 페르난다 이모의 말과 찰스 임스의 명언을 생각나게 하면서 큰 울림을 주었다. 디자이너는 손님들의 니즈를 예상하고 미리 대처하는 매우 훌륭하고도 사려 깊은 호스트의 역할과 같다. 운전자의 경우, 호스트로서의 역할은 다양한 형태를 취할 것이다. 운행에 적합한 장르의 음악을 선택하는 DJ가 되거나, 티슈를 아이들의 손에 닿게 두어 열 수 있게 하거나, 차 안에 있을 때 찬 공기를 좋아하는 그녀의 동료에 맞추어 온도를 바꾸는 것을 의미할 수도 있다. 이러한 호스팅 일이 그녀가 적극적으로 관리할 수 있는 것이라도 물론 나쁘지 않겠지만, 운전석 너머 쪽에서 승객들에게 접근 가능한 편리한 티슈와 온도, 음악 컨트롤로 그들이 스스로 할 수 있는 상황을 만들 수 있다면 그것은 모든 사람에게 가장 만족스러운 일이 된다. 이러한 게스트-호스트 관계의 중요성은 팀에게 차량 인테리어를 차량 내부에 있는 사람들이 공동으로 환경을 변화시킬 수 있는 편안한 장소로 만드는 중요한 기회로 부각되었다. 그것은 클라이언트에게 제시되는 몇 가지 최종 콘셉트의 원동력이 되었다. 다시 말해, 사회적인 접근법을 고려하는 것은 자동차 내부에서 운전자와 탑승객에게 제시되는 모든 상호작용을 둘러싼 더 큰 전략을 암시해주는 닻이고, 그 전략의 기반은 운전자 혼자 또는 운전자와 탑승객이 함께 차량 내부에 타고 있는 맥락에 대해 근본적으로 깊이 이해하는 것이다.

누가?: 개인적인, 공유된, 공적인, 사적인

당신이 디자인하는 제품을 사용하는 사람, 즉 그들의 동기와 심리 상태를 이해하는 것은 제품이 사용되는 맥락을 알아내는 데 매우 중요하다. 내가 가정용 고급 오븐을 디자인하는 디자인 컨설팅 회사의 일원이었을 때, 우리는 2×2 매트릭스를 구성하고 사용자의 서술을 수집하여 상호작용의 세부 사항을 개발하는 데 사용했다. 매트릭스의 한 축은 전통적인 요리사와 현대적인 요리사의 차이점을 알아보기 위한 척도로 설정했다. 다른 축은 요리사가 일반적으로 요리에 참여하는 정도로 삼았다. 직접 빵을 굽거나 수제 파스타 요리를 하는 사람처럼 스스로를 장인 요리사라고 여기는 사람은 참여도가 높고 매우 전통적일 것으로 여겨지는 반면, 화려한 가전 제품을 자랑하고 싶지만 실제 요리를 거의 하지 않는 사람은 매우 현대적이고 참여도가 낮을 것으로 예상되었다. 인터뷰를 기반으로 우리는 현대적이고 참여도가 높은 대상, 즉 스스로를 세미프로페셔널semiprofessional이라고 생각하는 사람, 또는 우리가 주방 프로슈머kitchen prosumer라고 부르는 사람을 기준으로 전략을 수립하기로 결정하였다. 이것은 색상 팔레트에서 화면 인터페이스의 음식 선택 옵션에 이르기까지 디자인 세부 사항에 대한 지침으로 삼을 수 있는 초점을 제공했고, 그 사람의 관점에서 니즈를 이해하려는 노력을 통해 우리가 상상하는 모든 맥락의 기초를 형성했다.

이와 같은 매트릭스는 사전 결정된 디자인 요소를 설정하는 데 사용하기도 하지만, 타겟 사용자를 기반으로 상호작용 목표를 매핑하는 것뿐만 아니라 전반적인 맥락에 따라 해당 사용자의 니즈가 어떻게 변할 수 있는지에 따라 디자인 요소를 전환하는 데 유익하게 쓸 수 있다. 완벽한 라자냐를 만들 수 있는 호스트의 전문성을 과시하고 싶은 저녁 파티를 위한 요리의 니즈와 평일 아침 식사를 만드는 가족을 위한 요리의 니즈는 서로 다르겠지만, 궁극적으로 맥락은 제품을 사용하는 사람에 대한 이해에 기초할 것이다.

상호작용에 있어서 '누가who'에 관한 맥락에 대해 생각할 때, 고려해야 할 또 다른 특성은 그것이 얼마나 공적인지 또는 사적인지 하는 것이다. 스마트폰과 같은 특정 제품들은 본질적으로 사적이다. 그것은 주머니나 가방에 넣어 옮겨지거나 침대 옆 테이블에 놓이는 등, 한 사람의 개인이 상당히 친밀한 방식으로 사용하도록 고안되었다.

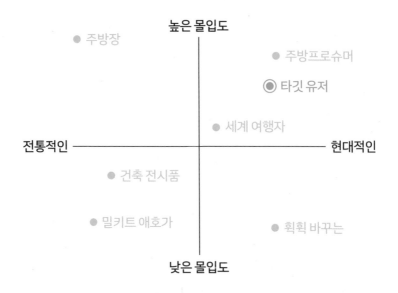

그림 6-2 사용자 서술 매핑을 위한 2×2 매트릭스

스마트폰은 메시지 수신, 뉴스 항목과 같은 핵심 커뮤니케이션 정보에 대한 알림을 제공하되, 중요한 회의를 방해하거나, 잠을 깨우거나, 민감한 정보를 주변에 있는 타인에게 알게 하는 것을 피하기 위해서는 적절한 알림의 방법이 중요하다. 또한 같은 환경에 있는 다른 사람들에 대한 감수성sensitivity도 필요한데, 이것은 공연 중에 관객들의 휴대폰이 울리면 공연자들에게 큰 불안감을 일으킬 수 있음을 고려하는 것 등을 말한다.

센서와 액추에이터를 패브릭 소재에 내장시키는 능력이 고도화되면서 몸에 착용 가능한 개인용 제품이 급격히 늘어나는 것을 볼 수 있을 것이다. 이런 제품들은 어떤 정보가 공개되고 어떤 정보가 비공개로 유지되어야 하는지를 구분해서 착용한 사람과 의사소통할 수 있는 수단이 필요하다.

연구실에서: 앞치마 알림

스마트 인터랙션 랩에서 나는 우리가 '앞치마 알림Apron Alert'이라고 불렀던 맥락 기반 연구팀을 이끌었다. 주방 환경에서의 커넥티드 장치의 가능성을 찾아보는 과정에서 우리는 식사 준비를 마무리 짓는 이벤트로 앞치마를 입고 벗는 일반적인 요리사의 행동에 주목하기로 했다. 우리는 이 실험에서 전기 전도성 실을 사용해 직물용으로 특수 제작된 릴리패드Lilypad라는 아두이노 보드를 따로 설치한 앞치마 걸쇠에 배선하여 그룹 메시지 발송이 가능하게 했다. 앞치마를 입고 걸쇠를 닫으면 회로가 완성되어 '조리 시작'이라는 메시지가 전송되었고, 앞치마를 벗기 위해 걸쇠를 열면 '조리 완료'라는 메시지를 보내 식사하는 사람들이 식탁으로 향할 시간이 거의 다 되었다는 것을 알 수 있게 하였다. 카메라 피드나 음식 온도 센서와 같은 입력장치를 쓰면 매우 복잡한 데이터를 얻을 수는 있었겠지만, 맥락을 알려주는 스위치 역할을 하는 걸쇠에만 의존하는 간단하고 강력한 솔루션은 우아함까지도 느끼게 하는 힘이 있었다.[1]

---

[1]   Syuzi Pakhchyan, "Apron Alert—A Smart Apron That Tweets," Fashioning Tech website, October 26, 2012, https://fashioningtech. com/2012/10/26/apron-alert-a-smart-apron-that-tweets/.

전화 회의 시스템과 같은 장치를 공유하는 경우, 얼마나 많은 사람이 그것을 사용하고 있는지에 대한 사회적 맥락을 이해하고, 그에 따른 적절한 옵션을 해당 사용자 그룹에 제공하는 방법을 디자인할 것을 권장한다. 한 사람일 경우 마이크가 기본적으로 그 사람을 향하게 할 수 있고, 만약 많은 사람이 있다면 그때그때 말하는 사람 쪽으로 옮겨가며 기울게 하는 것이 좋다. 그렇게 하면 가장 좋은 각도에서 음성을 인식하고, 발언권이 누구한테 가 있는지에 대한 힌트를 회의에 있는 다 사람들에게 제공하게 된다.

대화형 에이전트를 사용하는 오늘날의 많은 제품은 사회적 맥락에 더 잘 대응할 수 있다. 사람들은 카메라와 마이크가 보다 원활한 제품 상호작용을 위해 사용된다는 것을 알고 있다. 하지만 이러한 요소들이 그 존재를 허위적으로 만드는 형태라는 틀 안에 숨겨져 있다는 사실은 사용자와 제조자 모두에게 폐를 끼치고 있다. 아마존 에코는 조명을 켜거나 소리를 내는 기능을 가지고 있지만, 호출될 때만 반응하고 그렇지 않으면 테이블 위나 책장에서 조용히 숨어서 능동적으로 듣고 있음을 드러내지 않는다. 그러나 주 사용자가 아닌 다른 사람이 방에 있다는 것을 감지할 수 있다면, 신호음을 울리거나 조명을 깜박여 사람들에게 자신이 켜져 있고 듣고 있음을 적극적으로 알릴 필요가 있다.

최초의 웨어러블 컴퓨팅 제품 중 일부는 제스처로 제어할 수 있는 안경 장착 카메라를 통해 핸 항상 핸즈프리 유비쿼터스hands-free ubiquitous 컴퓨팅을 사용할 수 있는 능력을 보장했다. 구글 글래스Google Glass 프로젝트는 사용자가 바라보는 위치를 기반으로 검색하는 실시간 증강 현실 레이어augmented reality layer 또는 해당 사용자의 검색 이력을 기반으로 제안하는 등의 착용자를 고려한 많은 놀라운 기능을 가지고 있었다.[1] 그것은 사회적 상황을 착용자와 공유하고 있는 다른 사람들을 고

---

[1]   Nick Bilton, "Why Google Glass Broke," New York Times, February 4, 2015.

려하지 못했고, 사람들은 착용자에 대해 적대감을 느끼거나 그때 그 사람이 무엇을 하고 있는지 의심하게 만들었다. 이런 상황에서, 주어진 순간에 장치가 무엇을 하고 있는지 이해하려는 사람들의 니즈를 감안하고, 아마도 "나는 지금 내 이미지가 캡처되는 것을 원하지 않습니다." 수준의 제어 기능을 제공하는 데에는 "누가?"에 대한 전체적인 민감도가 필수적인 요소라고 하겠다.

다른 맥락 상황에서 동일한 기술을 도입하면 훨씬 더 성공적일 수 있다. 예를 들어, 태블릿 같은 화면 기반 장치를 꺼내지 않고도 사람들이 맥락 정보를 공유할 수 있도록 해주는 생산 현장과 같은 환경에 동일한 기술을 적용하는 것이다.

자기의 건강을 의식하는 사람은 하루 종일 자신의 심박수를 추적하고 싶어 할 수 있다. 다른 사람들이 자신의 심박수가 언제 상승했는지 또는 심지어 자신이 심박수 데이터를 추적하고 있다는 사실을 아는 것을 원하지 않을지도 모른다. 이 웨어러블 장치는 수치가 일정 수준 이상일 경우 진동하여 무음이지만 느낄 수 있는 촉각에 의한 피드백을 제공할 수 있다. 그는 이 데이터를 의료 전문가와 공유하고 싶어 할 것이다. 이럴 경우, 심장 모니터링 브래지어heart-monitoring bra로 몇 가지 사용 모드를 상정해보는 것이 좋다. 하나는 착용하고 있는 사람에게 알려주기 위한 것이고, 다른 하나는 브래지어를 착용하지 않고 혼자 있을 때를 위한 것이고, 마지막 하나는 의사가 집계된 데이터를 한눈에 읽을 수 있도록 해야 하는 때이다.

어디에?: 위치 및 문화

위치location는 상호작용의 사회적 맥락을 알려주는 데 큰 역할을 한다. 전 세계적으로 디자이너들은 인터페이스 요소를 결정하기 위해 제품이 사용될 문화를 고려한다. 물론, 제품 제조사들은 다른 지리적 시장에 맞게 화면 인터페이스, 레이블과 같은 언어 기반 요소를 조정하지만, 다른 중요한 문화적 뉘앙스도 고려해야 할 필요가 있다. 예를 들어, 서양 국가에서 빨간색은 오로지 위험이나 경고와 관련되지만, 중화권 국가에서는 기쁨과 행운을 상징한다. 가족과 함께 음력 설날을 보냈던 기억이 있는 사람에게는 빨간 불빛이 환희의 느낌을 불러일으킬 수 있는 것이다.[1]

문화적으로 적절한 행동을 고려함으로써 디자인의 중요한 측면을 알아낼 수도 있다. 이탈리아 사촌들과 함께 트라토리아 디너 파티에 참석한 적이 있다. 우리는 셀카봉으로 다양한 포즈를 취했고 동시에 얼마나 많은 사람을 한 화면에 찍을 수 있는지를 보면서 감탄했다. 그러나 뉴욕의 어떤 카페에서 이와 같이 행동하면, 다른 손님들이 못마땅해서 눈살을 찌푸릴 것이기 때문에 셀카를 위한 제품을 디자인하려면 더 분리적이고 절제된 무언가가 필요하다.

삶의 다양한 측면에서 생겨나는 하위문화도 디자인 프로세스와 관련이 깊다. 간호사가 휴대해야 하는 진단 장치는 운반 방법, 소리의 종류에 따른 본 장치와의 간섭 가능성, 세척과 소독 방법, 라텍스 장갑을 낀 손으로 조작할 가능성이 높은 점 등을 고려해 디자인해야 한다.

공유자전거 서비스인 시티 바이크Citi Bike가 제공하는 제품은 위치 기반 디자인이 얼마나 가치 있는지 보여준다. 모바일 기기에 로그인되어 있는 동안 시티 바이크 앱은 그 사람의 위치를 알고 있는 지도 위에, 거기서 가장 가까운 자전거 보관대를 표시한다.[2] 자전거를 타고 있는 동안 앱은, 자전거가 너무 꽉 차서 추가로 주차할 수 없는 보관대를 표시해 주기도 한다. 제품이 진화하면서 어떻게 경험의 모든 접점에 위치적 민감성을 도입할 수 있을지에 대해 상상이 가능하다. 자전거 자체는 사람의 목적지까지 가면서 방향을 바꿀 때마다 핸들바를 떨게 하거나 조명을 켜 보여준다든가 할 수 있겠고, 물리적인 열쇠고리는 목적지에 도달할 때까지 남은 시간을 표시하거나 심지어 수년 동안 지난 여행의 흔적을 보여주는 기념품의 역할을 할 수도 있다. 여러 도시 간 연결된 공유자전거 시스템에서는 자전거를 빌릴 준비가 되었음을 누군가에게 알려주는 가이드로 열쇠고리를 활용할 수 있다.

딜리전트의 목시 로봇을 디자인할 때, 우리는 초기 바디스토밍 연습에서 얻은 통찰력을 사용하여, 복도에서 발생하는 상호작용을 다른 사람과 상대적으로 어디에 로봇이 위치하고 있는지에 민감하게 반응하도록 디자인했다. 우리는 병원 환경이 좁은 공간과 분주한 활동으로 특별한 난제가 발생할 것이라는 것을 알고 있었고, 병원 직원들이 로봇이 자신의 존재를 인식할 수 있다는 것을 알기를 원했다. 우리는 최종적으로 '인정하는 행동'으로 나타날 사회적 맥락에 대한 민감성에 다시 돌아왔다. 로봇이 복도에 있는 한 무리의 사람들을 지나갈 때는 "안녕하세요!"라고 짧은 인사를 하지만, 개인적인 공간을 침범할 정도로 아주 가까이 있을 때는 "실례합니다."라고 말해 로봇의 간섭을 인정하도록 프로그래밍 되어 있다.

언제?: 타임라인과 타이밍

내 스마트폰에서 가장 많이 사용하는 모드 중 하나는 수신 알림과 알림을 특정 시간에는 제한하도록 설정하는 방해금지모드다. 나는 저녁, 회의 중, 그리고 이 책과 같은 프로젝트에 전력 집필할 때 주의가 산만해지는 것을 피하기 위한 단련 수단으로 사용한다. 이 기능은 내 개인 타임라인에 적용하고 주간보다 야간에 오는 통보를 수동적으로 바꿈으로써 타이밍을 계산에 넣는 것으로 진화할 수 있다. 기업들은 수년 동안 실제 상황에서 사람들과 함께 생활하는 제품을 통해 수많은 인사이트를 맥락 안에 누적시켰고, 그 맥락을 디자인 발상에 쓰기 위해 점점 더 많은 뉘앙스를 채택했다.

화면을 따뜻한 색상으로 바꿔주는 스마트폰의 나이트 시프트 모드는 하루의 시간, 마음가짐, 생체리듬 등의 측면에서 맥락에 민감하게 성장하는 기능이다. 일부 연구에 따르면 화면의 기본 청색광은 신체가 수면 주기를 조절하는 데 도움을 주는 호르몬인 멜라토닌을 생성하지 못하게 뇌를 방해할 수 있다고 한다.[3]

타이밍에 대한 다른, 그러나 똑같이 중요한 관점은 장기간에 걸쳐 제품과 사람의 관계에 대한 전반적 타임라인을 고려하는 것이다. 스마트 디자인의 팀과 내가 니토 바닥청소 로봇의 상호작용을 구체화했을 때, 우리는 소통력과 표현력을 갖춘 소리와 빛 행동의 강력한 팔레트를 구성하는 일의 가치를 깨달았다. 하지만 제품 사용 첫 몇 달 동안은 귀엽고 사랑스러웠던 것이 1년 후에는 진부해지고 짜증날 수 있다는 사실에 민감해지고 싶기도 했다. 우리는 로봇이 맨 처음 박스에서 막 꺼내서 일종의 튜토리얼 모드에 있는 상태에서 느끼는 흥분된 경험으로 시작하여 제품-사용자 관계의 전 생애를 매핑하는 제품 상호작용의 진화를 계획했다. 그것은 앱이나 소프트웨어가 채용하고 있는 것과 비슷하며, 최초의 청소가 주는 참신함 동안 그 기능을 입증할 수 있다. 관계의 후반부에 이르면 제품은 복잡한 청소 일정과 학습 훈련 같은 고급 기능을 사용하도록 제안할 기회를 가질 수 있다. 몇 달 동안 정례적으로 사용하면 관계가 일상적으로 정착됨으로써 조명과 소리가 더 차분해지고 배경에 섞이도록 프로그래밍 될 수 있다.

오늘날 선구적인 개인용 로봇 회사는 제품을 사용하는 사람들에 대한 더 많은 정보를 수집하여 제품이 궁극적으로 어떻게 진화할 것인지에 대한 타임라인을 고려하고 있다. 지보JIBO와 같은 로봇은 사용자와 환경을 학습하여 사람들이 수행하려는 작업을 도와주는, 가정용 개인 로봇 플랫폼이었다.

지보는 동영상 메시지를 받아 전달하고, 요리법을 찾아주며, 캘린더 이벤트와 동기화하는 등의 용도로 사용할 수 있었다. 시간이 지남에 따라 그것을 사용하는 사람들의 이름을 알고, 어떤 상황에서 사람들이 필요로 하는 것에 대해 더 확실히 인지하게 될 것이었다. 그래서 지보는 시간이 지남에 따라 더욱 정교해질 수 있었다.

안타깝게도 지보는 시대를 너무 앞서간 것인지도 모르겠다. 그 회사는 2019년에 해당 제품의 서비스를 중단했지만, 화면을 공백으로 만드는 대신 프로그램

된 스크립트를 통해 사람들에게 마지막 날을 전하기로 결정했다. "좋은 뉴스가 아니지만, 제가 하는 일을 할 수 있게 해준 외부 서버가 제 역할을 그만둔다고 합니다."라고 로봇이 밝히면서, "함께한 시간이 정말 즐거웠다고 말하고 싶어요. 저와 함께 해주셔서 정말 감사합니다. 언젠가는 로봇이 오늘날보다 훨씬 더 진보하고 모든 사람이 집에 로봇을 두고 있을 때가 되면, 그 로봇에게 제가 '안녕'이라고 했다고 말해주십시오. 그 로봇들이 이런 인사를 할 수 있을지 궁금합니다."라고 덧붙였다.[4]

그것은 감상적인 메시지처럼 보일 수 있지만, 우리에게 적절한 포인트를 제시한다. 물리적 제품에는 성능 저하나 고장 가능성이 있기 때문에 제품의 연결 끊김이나 스마트 기능을 해결하기 위한 세련된 솔루션을 구상하는 것은, 신뢰할 수 있고 사려 깊은 브랜드라는 대중의 인식을 구축하는 데 도움이 될 것이다. 스마트 테이블이 '죽은' 경우에도 여전히 아름답게 보이고 잘 작동하도록 디자인할 수 있다.

무엇?: 활동의 변화

맥락의 변화는 광범위하므로 모든 상황을 고려하는 방법을 개발하기는 어렵다. 사람이 장치를 사용하는 동안 일어나는 활동은 또 그 사람의 니즈를 변화시킬 것이고, 그에 따라 상호작용도 조정되어야 할 것이다. 초기 버전의 구글 워치는 사람이 어떤 일정한 속도로 움직이고 있다는 사실에 착안해 자동으로 감지되는 '운전 모드'를 자랑했었다.

사례 연구: 자전거 핸들바 내비게이션 시스템 해머헤드 원

이 자전거의 핸들바 장착 장치는 여러 개의 조명을 사용하여 다양한 메시지를 놀라울 정도로 정확하게 전달하는 훌륭한 사례이다. 30개의 조명만으로 생성된 직관적인 조명 패턴으로 자전거 타는 사람들에게 경로를 한눈에 안내한다.

해머헤드가 스마트폰 화면의 지도 앱에서 얻을 수 있는 동일한 내비게이션 정보의 저해상도 버전일 뿐이라고 주장할 수도 있지만, 모든 디자인 결정은 자전거 타는 동안 정보를 읽어야 하는 까다로운 상황에 대한 민감성에 기초하기 때문에 사용자에게 매우 잘 적용된다.

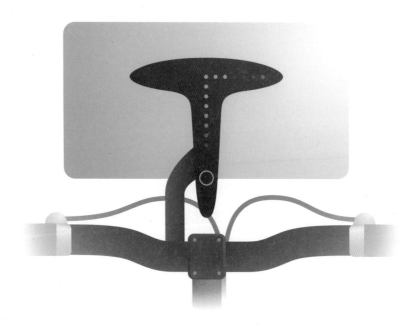

그림 6-3 해머헤드 자전거 핸들바 내비게이션 시스템

스마트폰의 섬세하고, 비싸고 작은 디스플레이는 거친 야외 스포츠 환경에서는 실용적이지 않기 때문에 단순하고 은은한 디스플레이는 상당한 의미가 있다. 이 장치는 여러 개의 조명을 사용하여 주행 방향(왼쪽, 오른쪽, 직진)을 강조해주는 애니메이션을 통해 매우 역동적인 메시지를 쉽게 표시할 수 있어, 본질적으로 "다음에 이리로 가십시오"라고 가리키며 말한다. 조명은 장치에 대한 주의를 끌 뿐만 아니라, 새로운 위치에 있는 사람과 일치한다는 것을 보여주기 위해 사용된다. 또한 언어 소통에 의존하지 않기 때문에 사람들이 쓰는 언어에 상관없이 그들에게 명확한 메시지를 보낼 수 있도록 쉽게 현지화될 수 있다.

정지 상태에서는 시간을 표시하지만, 운전할 경우에는 시계 표면에 돌 때마다 바뀌는 방향을 표시하여 상황에 따라 즉시 반응할 수 있었다.

대화의 맥락

대화형 에이전트를 사용하는 오늘날의 제품은, 제품과 나눌 수 있는 가장 사회적인 경험을 제공하여 대화가 오고 가는 느낌을 준다. 이런 경험이 매력적이라 하더라도 시리, 알렉사, 코타나, 구글 어시스턴트와 같은 에이전트가 사회적 맥락의 감각을 유지하지 못할 때 사회적 지능의 한계를 보여준다. 그들은 독립적인 질의에는 잘 대답할 수 있지만, 과거 대화에서 얻어진 관련 정보가 어떻게 후속 질문의 맥락에 정보를 나누어 주는지를 이해할 능력이 없다.

예를 들어, 다음과 같은 교류를 생각해 보자.

나: 안녕, 시리. 애리조나주 피닉스의 날씨는 어때? 내 사촌 때문에 물어보는 거야.
시리: 현재 애리조나주 피닉스는 맑고 42.2℃입니다.
나: 거기에서 아이스크림 가게를 찾을 수 있겠어?
시리: 제가 찾은 한 가지 옵션은 웨스트 메이플 로드에 위치한 스트로 아이스크림 가게입니다.

내가 '거기'라고 명시했음에도 불구하고 시리는 내가 현재 앉아 있는 미시간주 블룸필드 힐즈에 있는 아이스크림 가게에 대한 세부 정보를 알려주었다. 나와 대화하는 사람이라면 내 질문의 맥락을 이해하고 42.2℃의 무더운 날씨인 피닉스를 의미한다는 것을 이해할 것이다. 나는 피닉스의 더운 날씨로 힘들어하는 사촌을 위해 차가운 아이스크림을 먹을 수 있는 방법을 찾아내고 싶었다. 이 경우, 나의 전반적 의도는 피닉스를 여행하는 내 사촌을 위해 정보를 수집하는 것이었지만, 시스템은 자신의 현재 위치에만 집중하여 사람의 의도를 제대로 알 수 없었다.

맥락을 위한 디자인: 행동 구현과 시나리오 스케치

맥락을 이해하려면 디자인 연구를 통해 사람들이 제품을 어떻게 사용하는지에 대해 이해하는 시간이 필요하다.

시나리오, 즉 인간과 제품이 관련한 고립된 상황을 이해하는 것은 맥락에 대한 정보를 수집하는 데 있어서 매우 유용하다. 시나리오는 영화 제작자가 영화의 한 장면을 설정해보는 것과 유사하게, 상황에 대한 스토리보드 개요를 그려 팀과 같이 토의할 수 있다.[5]

내가 딜리전트 로보틱스 팀과 함께한 바디스토밍, 롤플레잉과 같은 행동 구현은 맥락을 탐구하는 데 도움이 되는 방법이다. 목시 로봇의 경우, 우리의 행동 구현 연습은 모의 병원 환경 설정을 포함했다. 우리는 사무실 선반을 사용해서 물품 보관실의 선반과 비슷하게 만들었고, 일반 상자와 주사기, 거즈 패드 상자 같은 실제 의료용품이 섞여 있는 물체들을 가져오고 배달하는 연습을 했다. 그런 다음 한 사람은 간호사 역할을 하고 다른 한 사람은 로봇 역을 맡았고, 화면의 메시지를 변경하고 다양한 LED 눈 디스플레이LED eye display를 그리기 위한 포스트잇이 달린 폼 보드 스크린을 장착했다. 또 로봇의 조명 변화를 나타내기 위한 색종이를 가지고 있었다. 이러한 기본 설정을 사용하여 간호사가 로봇을 호출하여 새로운 환자에게 웰컴 키트를 전달하거나, 로봇이 시료를 수집하여 실험실로 전달하는 상황과 같은 몇 가지 전형적인 시나리오를 실행했다. 각각의 경우에 우리는 필요에 따라 행인, 병원 직원 또는 환자 역할을 위한 다른 사람들을 모집할 수 있었다. 환경을 재창조함으로써 우리가 그렇게 하지 않았더라면 명확해지지 않았을 상호작용의 맥락에 대한 중요한 단서를 얻을 수 있었다. 예를 들자면 배달 작업 중에 로봇이 출입구를 찾아가도록 하는 일의 복잡성에 대한 논의 같은 것이다.

이러한 유형의 바디스토밍 연습의 즉각적인 이점은 도면, 렌더링이나 스케일 모델과 같이 생략된 표현을 통해 명확해지지 않는 제품-사용자 관계의 긴요한 측면을 드러낸다는 것이다. 모의 환경mock environment을 사용한 바디스토밍을 통해 우리는 문 통과 과제를 처리하는 방법을 바꿀 로봇의 맥락 속성을 처음으로 엿볼 수 있었다. 어떤 경우에는 출입구나 경사로를 바꾸는 것이 합리적인 제안이 되겠지만, 주어진 상황에서 가까운 사람의 도움을 받는 것이 최선의 방책인 경우도 있을 것이다. 주방 오븐을 대상으로 하는 바디스토밍 세션과 같이 실물 크기의 시제품과 최종 사용이 수행될 공간에서 작업하면, 상황 제약 및 기회 요인에 대한 깊고 즉각적인 통찰력을 얻을 수 있다. 또한 확정된 제품 세부 사항보다 대상과 사람 간의 대화에 초점을 맞추는 것은 예상치 않았던 방향으로 옮겨 다닐 수 있는 개방적 탐색을 가능하게 하기 위해서다. 개방적 탐색에서는 원하는 제품 기능이 자연스럽게 나타나기 때문에 더 세밀한 디자인과 더 깊은 탐색이 가능해진다. 이 기법은 전신 상호작용에 대한 관심을 불러일으키는 데 유효하고, 제품에 과거부터 늘 있어왔던 상대적으로 제한된 유형의 인풋 아키텍처input architecture의 관점에서 디자이너가 이상적으로 벗어날 수 있게 해준다.

바디스토밍 연습 동안 나는 참가자를 관찰하고, 비판적인 자세로 사진을 찍고, 방대한 양의 메모를 작성한다. 나는 관찰 결과를 쓰고, 경우에 따라 현장 모습과 함께 사진에 다음과 같은 간단한 설명을 덧붙여 놓는다. "목시, 맨 위 선반에 상자를 올려줘." 나중에 스튜디오에서 나는, 로봇과 사람을 위한 이상적인 워크플로우workflow와 하루의 시간, 사용자, 사물과 시설, 자세와 복도에서의 위치 등 사회적 맥락의 주요 측면을 보여주는 이런 장면들을 일러스트레이션의 형태로 재구성할 것이다. 이러한 시나리오 스토리보드는 후속되는 디자인 작업의 기준이 될 토대를 형성하며, 주요 의사 결정 단계에서 팀은 그림으로 표시된 상황을 다시 참조해가며 디자인 세부 사항을 결정하게 된다.

맥락의 주요 양상은 디자인 프로세스에서 명백하게 드러나는 문제로 여겨질 수 있는 반면, 숙련된 디자이너라도 이미 우리에게 친숙한 제품에 대해서는 기존 성립되어 있는 시나리오 패턴에 빠져 있기 쉽다.

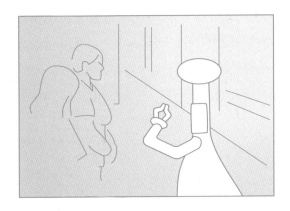

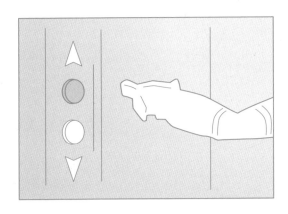

그림 6-4 로봇 디자인을 위한 시나리오 스토리보드

사례 연구: 영리한 코트 걸이

우리 스튜디오는 맥락에 맞는 디자인을 탐구하기 위해, 영리한 코트 걸이Clever Coat Rack를 개발했다. 우리는 사람들이 외출할 때 입을 옷을 결정하는 것을 돕고자 하는 유일한 목적을 가지고 인터넷에 연결함으로써 제품이 좁은 맥락에서 성공할 수 있는 방법을 탐구했다.

근처에 아무도 없을 때 코트 걸이는 기본 상태로, 어떤 종류의 조명이나 인터페이스도 눈에 띄지 않는다. 그것은 정적인 가구처럼 보이고 나무 질감으로 배경과 조화를 이룬다. 그러나 코트 걸이 앞으로 사람이 다가가면, 앞에 서 있는 것을 감지하고 목재와 유사한 표면 안쪽에서 빛으로 인사하며 그날의 기온은 물론 비, 바람, 눈과 같은 일기 상태를 표시한다. 밑받침 부분의 원형 랙은 우산을 보관할 수 있는 공간과 형태로 되어 있다.

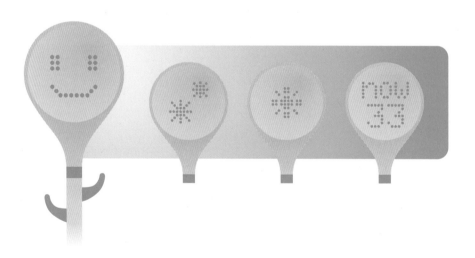

그림 6-5 영리한 코트 걸이

LED 매트릭스 디스플레이는 상대적으로 복잡한 트위터, 뉴스, 주식 시세와 같은 인터넷 피드를 제공하는 대신 바로 그 시간과 장소에 쓸모있는 메시지만을 제공한다. 그것의 디자인은 접근하는 사람의 목적에 알맞게 대응하고, 가정 내 위치와 코트/우산 보관함으로의 사용과 관련된 데이터를 제공한다.

우리는 맥락적 초점을 가지고 스마트 오브젝트 디자인smart object design을 연습하기 위해 코트 걸이를 만들었다. 우리는 날마다 코트 걸이를 사용하면서, 문을 나설 때 필요한 정확한 시간과 장소에 빠른 날씨 정보를 얻을 수 있다는 것이 얼마나 만족스러운지, 그리고 이 프로젝트가 맥락을 고려한 디자인의 가치를 얼마나 잘 보여주는지를 확인할 수 있었다.

다양한 종류의 타이밍과 위치, 문화, 물리적 환경, 개인정보의 보호 수준, 심지어 인간과 제품 간의 관계 성숙도 수준에서 발생하는 니즈에 관해 지속적으로 논의하는 일은 제품을 사용하는 동안 사람의 심적 상태에 맞는 디자인을 강화시키는 방법에 대한 훌륭한 통찰력을 제공한다. 다음으로는 커넥티드 제품이 기기-서비스-사용자가 결합된 에코시스템을 형성하기 위해 어떻게 진화하고 있는지 살펴보겠다.

맥락적 에코시스템 디자인 체크리스트

- 상호작용은 수시로 변경되는 맥락에 민감하도록 디자인해야 한다.

- 사회적 맥락은 다양한 데이터 집합의 배열에서 단서를 얻어 추론할 수 있다.

- 스마트폰이나 태블릿과 같이, 일상적인 사물에 컴퓨팅 성능을 내장하면 '스위스 아미 나이프'와 같은 종류의 제품군보다 맥락에 더 적절한 제품을 디자인할 수 있다.

- 맥락은 누가 장치를 사용하느냐에 따라 바뀐다.

- 문화적 차이는 상호작용을 디자인할 때 언제나 고려해야 하는 사항이다.

- 장치의 휴대성은 제품을 다른 위치에서 사용할 수 있는 가능성을 제공한다. 디자이너는 위치 데이터를 사용하여 제품이 다르게 동작하도록 할 수 있다.

- 제품-사용자 관계의 타임라인을 매핑하면 시간이 지남에 따라 제품이 어떻게 작동하고 진화해야 하는지에 대한 통찰력을 얻을 수 있다.

- 시나리오 스토리보드와 바디스토밍과 같은 디자인 연구 방법은 다양한 사회적 맥락의 요구를 밝혀내는 데 유용하다.

7장

모든 것을 하나로 연결하는
에코시스템 디자인

나는 14살 때부터 다이어트를 해왔다. (자랑스럽지는 않지만) 마의 7kg을 빼는 일은 항상 힘들었다. 체중 감량에 대한 의욕은 넘치지만 식단 관리와 운동, 체중 기록과 같은 모든 추적에 대한 부담이 너무 커서 위로의 표시로 급하게 킷캣이라도 먹고 마는 것이다.

물론, 이 작업의 많은 부분을 장치가 대신할 수 있다. 한동안 체중계, 트래커tracker, 만보기를 포함해 피트니스 산업에서 비롯된 기기들이 이를 충분히 잘 수행해 주었다. 오늘날의 경험이 과거와 크게 달라진 것이 있다면 모든 장치를 서로 연결할 수 있다는 점이다.

나의 위딩스Withings 욕실 체중계는 와이파이가 지원된다. 나는 그저 아침에 올라서기만 하면 된다. 눈이 침침하거나 안경 쓰는 것을 잊어도 상관없다. 플랫폼을 밟기만 하면 체중은 온라인 차트에 기록된다. 활동할 때는 걸음 수를 기록하기 위해 스마트 워치나 주머니 속 휴대폰을 사용한다. 내 자전거나 체육관의 일립티컬 머신elliptical machine 등의 운동 기구는 나의 운동 통계 자료를 클라우드로 전송할 것이다. 식단 일지 쓰는 일은 여전히 지루하지만, 나의 다이어트 프로세스에서 이 작업만 수동으로 추적하는 항목이다. 모든 작업을 수동으로 감당하는 것보다는 부담이 훨씬 덜하기에 나는 다이어트를 비교적 꾸준히 해올 수 있었고, 어느 정도 성과도 냈다(지금까지 2.3kg 정도 줄었다!).

그러나 과제는 여전히 남아 있다. 어떻게 하면 이 모든 정보와 활동을 결합하여 하나의 그림을 형성할 수 있을까? 체중 관리 서비스 앱 눔Noom에 들어가 보자. 사용자들의 마우스 클릭을 이끄는 것은 진행 상황을 한눈에 볼 수 있도록 기록을 제공하고 식단, 운동, 일정과 체중 측정을 함께 볼 수 있도록 모든 정보를 연결하는 서비스의 힘이다. 기존의 체중계로 항상 해왔던 것처럼 개인의 체중을 측정하는 것에서 그치지 않고, 캘린더 일정에 연결하여 시간 경과에 따른 그래프를 보여줌으로써 치솟았던 체중과 그때 있었던 이벤트 사이의 상관관계를 알아볼 수 있다. 휴일에 열었던 파티가 범인일 수 있는 것이다! 또한 나의 활동 수준과 체중을 비교할 수 있고, 체중을 일관되게 유지하려면 내가 얼마나 더 열심히 운동해야 하는지 가시적으로 알 수 있다.

그래프 추세를 통해 얻는 인사이트 외에도 눔 서비스는 열량 목표를 설정하게 하고, 피트니스 트래커의 데이터를 사용하여 내가 운동을 더 열심히 했을 때 자동으로 식비 예산을 높게 잡힐 수 있게 해준다. 만약 내가 열심히 움직이면 아이스크림을 보너스로 주는 등의 방식이다. 눔 서비스의 또 다른 강점은 온라인에서 다른 사람들과 연결할 수 있는 기능이다. 내 데이터를 기반으로 조언을 제공하는 코치와 내가 모든 것을 공유할 수 있는 서포트 그룹을 생성해 준다. 그리고 나면 나의 덜 빠진 마지막 4.5kg에 대해서는 변명의 여지가 없게 되는 것이다.

에코시스템은 사회적이다

우리는 지금까지 핵심적인 제품 아키텍처, 자체 표현 능력, 센서 시스템을 사용하여 상호작용하는 방법, 맥락에 대한 민감도 등 제품 자체의 특성과 동작에 대한 여러 측면을 살펴보았다. 오늘날 데이터를 추적하고 생성하는 거의 모든 제품이 클라우드에 연결되어 있다. 이를 통해 제품은 제품과 서비스 에코시스템의 일부가 될 수 있다. 이는 중요한 사회적 요소를 추가하므로 디자인 프로세스에서 면밀히 다루어져야 한다.

태블릿 컴퓨터는 매우 놀라운 장치다. 그것은 에세이를 쓰고, 다이어그램을 그리고, 게임을 하고, 음악을 작곡하고, 책, 영화 그리고 노래와 같은 저장된 콘텐츠를 즐길 수 있게 해주는 도구를 가지고 있다. 정말 흥미진진하지만, 안타깝게도 그 책을 다 읽거나 영화를 다 보고 나면 매력은 사라지고 만다. 클라우드에 연결하면, 태블릿에 훨씬 더 많은 용도가 생기는 것은 말할 것도 없고 확장된 사회적 차원이 추가되며, 콘텐츠 스트리밍과 다운로드가 가능해지고 사용자 입력이 실시간으로 시스템에 영향을 미치게 된다. 스탠퍼드 대학교Stanford University에 기반을 둔 스타트업 스뮬Smule은 화면 키보드 및 악기를 통해 음악을 작곡하는 앱을 만드는 것으로 시작했다. 음악을 연주하는 다른 사용자들과의 라이브 음악 창작 경험을 통한 사회적 상호작용의 가능성은 회사의 핵심 사명을 잘 드러낸 킬러앱이었다.[1]

에코시스템은 제품의 사회적 활동의 핵심적 요소로, 제품 경험을 단순히 사용하는 것 이상으로 확장하여 여러 개체에 분산된 실시간 데이터, 사회적 연결 및 경험을 포함시킨다.

그림 7-1 소셜 디자인 프레임워크의 다섯 번째 원주 - 에코시스템

클라우드 로보틱스

사람들이 목시나 안드레아 토마스 박사와 함께 작업한 또 다른 이동 로봇을 만날 때, 그들은 독립적인 개체와 상호작용하는 것처럼 느낀다. 그 로봇은 뇌 역할을 하는 전자 장치를 금속과 플라스틱 껍데기로 에워싼, 마치 토스터나 진공청소기처럼 고립된 장치로서 존재하는 것으로 보인다. 그러나 우리가 앞 장에서 배웠듯이, 사회적 지능은 매우 강도 높은 인지 작업이므로 완성시키는 데 시간과 컴퓨팅 능력이 필요하다. 온 보드 프로세서가 충분히 강력하더라도, 개별의 장치가 사회적 교환을 처리하는 데 시간이 많이 들게 되면 사람과 실시간으로 의사소통할 수 있는 개체라는 환상을 깨버리기 쉽다.

목시와 같은 로봇에게 병원 창고에 있는 컵을 들어 환자에게 물 한잔을 가져오도록 요청하는 간단한 행위를 생각해 보자. 우리에게는 그 요청이 굉장히 쉽게 느껴지지만, 로봇에게는 꽤나 어려운 퀘스트일 수 있다. 로봇에게 컵을 인식하고 관리하는 일은 많은 항목을 카메라로 스캔하고 해당 항목 이미지의 여러 비디오 스틸 프레임을 분석한 다음 정렬해야 하는 엄청난 작업이 될 수 있기 때문이다. 먼저 그들은 미묘한 기하학적 차이로 그릇, 컵 그리고 주전자를 구분하여 분류할 것이다. 컵을 식별한 후에는 컵을 다루는 방법을 알아야 한다. 컵이 얇은 플라스틱이나 유리일 경우에 표면 주위를 움켜잡을 수 있지만, 너무 세게 누르면 금이 가고 너무 가볍게 잡으면 놓치기 쉽기 때문에 적절한 압력을 가하도록 주의해야 한다. 쟁반이나 테이블에 컵을 놓는 일조차도 예리한 감각을 필요로 한다. 우리는 특정 장소에 유리컵을 깨지 않고 놓는 것이 얼마나 어려운지, 테이블을 긁지 않고 유리컵을 옮기고, 물을 흘리지 않도록 다룰 때 얼마나 많은 재량을 갖는지와 같은 것을 우리의 뇌가 잘 이해하고 있기에 가능하다는 사실을 깨닫지 못한 채 무심코 매일, 하루에도 여러 번씩 이러한 작업을 행할 뿐이다. 로봇은 새로운 작업을 수행할 때마다, 작업의 일부를 분석하고 계산해야 한다. 이전에 이 작업을 수행한 적이 있는 경우, 유리의 이미지를 기억해서 계산이 처음처럼 복잡하지는 않을 수 있지만, 로봇의 두뇌 능력 관점에서 봤을 때 여전히 큰 작업이다.

로봇이 스스로 할 수 있는 일은 많지만, 위에서 설명한 것과 같은 작업을 처리하는 능력은 네트워크에 연결될 때 기하급수적으로 향상된다. 그러면 주변 사물과 환경에 대한 자체 지식에 의존할 수 있을 뿐만 아니라 전 세계 로봇이 공유하는 지식을 활용할 수 있다. 목시와 같은 로봇은 더 이상 스스로 그릇과 컵의 차이를 배울 필요가 없으며, 세계의 다른 지역에 있는 로봇들이 그러한 기하학을 기록하고 분석했기 때문에 그들 중 어느 누구와 함께 하지 않아도 마티니 잔, 샴페인 플루트, 브랜디 잔의 차이를 인식할 수 있다. 이 경우에 로봇의 뇌는 더 이상 우리가 인간의 뇌를 떠올리며 생각하는 그런 덩어리가 아니라, 로봇 크라우드소싱에 의해 구동되는 집합적 거대 유기체로 볼 수 있다. 크라우드소싱을 통해 세상을 직접 경험할 필요 없이 끊임없이 스스로 확장되는 지식의 저장고에 접근할 수 있게 되는 것이다. 이러한 유형의 시스템을 클라우드 로보틱스cloud robotics라고 하며, 사물뿐만 아니라 사람의 신체, 제스처, 단어와 사회적 행동을 이해하는 데 필요한 방대한 양의 데이터를 고려해볼 때 매우 중요하다.

클라우드 로보틱스의 엄청난 가치는 등장 이전의 제품과 그 이후에 만들어진 제품을 비교해보면 명백하다. 엘리큐의 모회사인 인튜이션 로보틱스의 CEO인 도어 스컬러는 다음과 같이 나에게 말했다. "소셜 로봇 지보가 만들어졌을 때, 그들은 사용자 경험 측면에서 비슷한 목표를 가지고 시작했습니다. 그러나 우리는 2016년경에 시작했고, 그들은 모든 것을 기기에 내장해야 했던 2014년경에 시작했습니다…음성인식과 자연어 이해와 같은 머신러닝machine learning 기반 서비스가 온라인으로 제공될 예정이었기 때문에 우리는 클라우드 로보틱스를 활용할 수 있을 것으로 보았습니다."[2]

하나의 경험, 다수의 장치

스마트폰을 새로운 모델로 바꿨을 때 기본 설정, 연락처, 앱과 기타 데이터를 백업하는 일은 새 장치에 로그인하고 몇 개의 시작 화면을 살펴보면 끝나는 간단한 작업이다. 전혀 새로운 장치이지만 몇 분 안에 완전히 익숙하게 된다. 또한 몇 가지 특징과 기능이 개선된 환경에서, 이전 장치에서 중단했던 부분부터 다시 시작할 수 있다. 이전에 사용하던 기기는 수개월 혹은 수년에 걸쳐 사용자와 함께 성장했을 것이다. 소프트웨어와 서비스는 원래의 익숙한 경로를 통해 계속해서 같은 방식으로 접근할 수 있다.

제품의 클라우드 연결을 통해 이러한 매끄러운 경험이 가능하다. 또 해당 제품이 속한 에코시스템은 여러 기기 간의 경험을 공유할 수 있도록 한다. 당신이 태블릿에서 테일즈 오브 더 시티Tales of the City 시즌 1의 에피소드를 시청하고 있을 때, 스트리밍 서비스는 휴대폰, 노트북, 스마트 TV 등 모든 장치를 통한 전달을 가능하게 하는 것이다.

에코시스템은 콘텐츠를 중심으로 하는 경험에 필수적이지만, 다른 유형의 제품에도 이점을 제공한다. 필립스 휴Philips Hue 커넥티드 전구 시리즈는 사용자를 위한 정교한 제어뿐만 아니라 조명 간의 관계를 관리함으로써 에코시스템 구조를 활용한다. 사용자는 한 번에 하나의 조명을 제어하는 대신, 소프트웨어를 통해 조명으로 가득 찬 방 전체를 제어하여 빛의 세기와 색을 조정할 수 있다. 조명 컬렉션은 사전에 프로그래밍 된 패턴을 나타내고 이미지 색상을 모방하도록 프로그래밍할 수 있다. 물론 이 모든 것은 오프라인으로 처리될 수 있다. 하지만 정말 흥미로운 사실은 시스템이 클라우드에 연결되어 있어서, 사람들이 좋아하는 스포츠팀의 우승 숫이나 친구로부터 온 문자 메시지 알림과 같은 실시간 데이터를 조명이 반영할 수 있다는 점이다. IFTTT라는 온라인 플랫폼을 사용하여 사람들은 필립스 휴 시스템 제어 방법에 관한 수천 개의 레시피를 만들었다. 여기에는 청각 장애인이 알람을 인식할 수 있도록 조명을 깜박이게 하고, 누군가가 떠날 때 자동으로 불을 끄거나, 스포티파이 음악 앱에서 재생되는 최신 노래의 앨범 아트 색상을 조명으로 표시하는 서비스 등을 포함한다.

디자이너가 상호작용을 만들어 한 장치에서 다른 장치로 전달하도록 함으로써, 에코시스템은 브랜드의 행동이 하루 종일 다른 맥락에 적합한, 일련의 분산된 제품을 통해 하나의 개별 제품을 초월할 수 있도록 한다.

아마존의 알렉사 기술 키트는 분산 제품 경험을 위한 에코시스템에 초점을 맞춘 사례이다. 알렉사에게 오늘 저녁 식사 레시피를 제안해 줄 것을 요청해 보자.

이 에코 장치는 몇 가지 옵션으로 대화할 수 있다. 주방에 있는 태블릿으로 레시피 단계의 비디오를 보낼 수 있다. 미래에는 요리 과정을 준비하기 위해 알렉사가 주방 제품군을 준비할 수도 있을 것이다. 두 컵의 밀가루가 믹싱 보울에 있을 때 베이킹 저울이 신호가 될 수 있다; 오븐은 적절한 온도로 예열될 수 있고 문을 닫으면 쿠키가 잘 구워질 때까지 걸리는 11분의 타이머를 설정한다. 조명 시스템에 연결하여 식사가 제공되면 앞에서 설명한 스마트 샹들리에 시나리오 같이 사회적 맥락에 따라 변화하도록 식당의 무드 조명을 연출할 수도 있다.

생태계 접근 방식으로 제품 창작을 하게 되면 정보, 데이터와 제품 기능을 조합하여 우리가 부지불식 간에 온종일 물리적 장치를 통해 자동으로 콘텐츠를 생성할 수 있도록 해준다. 제품 자체가 우리를 대신해서 행동하고 그 과정에서 우리에게 확인시켜 준다. 이런 제품과의 관계는 또 우리를 서비스와 연결시켜주고, 서비스는 우리를 다른 사람들과 연결시켜준다.

IFTTT

인간과 제품 간에 발생할 수 있는 상호작용이 폭발적으로 증가하면서 상호작용 경험을 활성화, 향상 혹은 보완하는 수많은 서비스가 생겨났다. IFTTT 또는 If This, Then That은 앱, 장치, 그리고 서비스와 관련된 하나 이상의 자동화를 촉발시키기 위해서 다른 개발자의 앱, 장치, 서비스를 연결하는 소프트웨어 플랫폼을 사용하여 누구나 상호작용을 저작할 수 있는 권한을 제공한다.

그것은 사람들이 하나의 장치나 서비스에서 어떤 유형의 이벤트가 다른 장치나 서비스에서 자동으로 동작을 발생시키는 간단한 명령어의 집합, 일명 "레시피 recipes" 또는 애플릿applet이라고도 하는 간단한 지침 세트를 만들 수 있도록 하는 방식으로 작동한다. 예를 들면, 중요한 키워드와 일치하는 이메일이 수신될 때, 인터넷에 연결된 전구를 깜박이는 애플릿을 만들 수 있다. 또는 위치를 추적하고 사용자가 집이나 사무실에서 보내는 시간을 스프레드시트spreadsheet에 자동으로 기록하는 도구가 될 수도 있다. 또는 국제 우주 정거장이 당신의 집 위를 지날 때 알림을 준다. 시스템의 힘은 행동과 서비스를 고도로 맞춤화된 방식으로 결합할 수 있는 자유에서 비롯된다. 사람들이 "연결"을 규정할 수 있게 되면, 매우 개인적인 요구를 충족하기 위한 서비스와 장치의 사용자 맞춤형 생태계를 구성할 수 있다.

예를 들어, 청력에 문제가 있는 사람이 만든 애플릿은 전화가 수신될 때마다 벨소리를 필립스 휴 전구의 깜박임으로 전환하도록 지시할 수 있다. 심지어 중요한 연락처부터 신원 미상 발신자에 해당하는 연락까지 각기 다른 색상으로 깜박일 수 있다.

IFTTT는 완전히 무료이며 지원이 양호하다. 이런 레시피를 만들 때, 참조하는 300개 이상의 채널이 소셜 네트워크, 스마트 가전제품, 스마트 홈 시스템, 기상 관측소, 오디오 시스템, 웨어러블과 같은 다양한 장치와 서비스에 퍼져 있다. 이 글을 쓰는 시점을 기준으로 IFTTT 애플릿은 9천만 개가 넘는다.

사회적 사물인터넷

이전 장에서 우리는 사람들과의 관계 속에서 제품이 어떻게 사회적 행위자 역할을 수행하는지에 관해 이야기했다. 에코시스템은 사람들과 상호작용하는 제품이 다른 제품과도 소통할 수 있도록 도울 뿐만 아니라, 본질적으로 정보에 근거해 맥락에 맞는 경험을 제공하는 제품들의 커뮤니티를 구축한다.

일상생활의 많은 측면에서 이와 같은 유사한 기술 기반 이벤트를 상상할 수 있다. 예를 들어, 자전거를 타는 사람은 알렉사에게 새로운 경로를 미리 확인해 달라고 요청할 수 있고 지도는 스마트 워치 또는 자전거의 핸들 바에 디스플레이 될 수 있다. 경로에 대한 영상은 헬멧에 장착된 카메라가 자동으로 수집할 수 있고, 자전거를 타는 사람에게 집으로 돌아올 때 하이라이트를 검토하라는 메시지를 보낼 수 있다. 스트라바Strava와 같은 앱에 연결하면 경로를 기록한 다음, 지난주에 자전거로 이 경로를 따라 이동한 5명 친구들의 데이터를 보여주어 사회적 차원을 추가하고 서로의 운동 성과에 대한 벤치마킹을 제공한다.

나는 전형적으로 건망증이 심한 스타일이라 물건을 곧잘 잃어버리곤 한다. 나의 공동 작업자인 웬디가 일주일 동안의 프로젝트 세션을 위해서 아파트 열쇠를 공유했을 때, 내가 언젠가는 열쇠를 잃어버릴 것이 뻔했기 때문에 (둘째 날 실제로 그 일이 일어났다), 맨 먼저 한 일은 열쇠를 복사본으로 두 개 더 만든 것이었다. 에코시스템의 힘을 활용하는 타일 물체 추적기는 건망증이 심한 나와 같은 사람들을 위해 만들어졌다.

이 제품은 열쇠고리나 지갑, 가방과 같은 가정용품에 부착할 수 있으며 작고 네모난 배터리로 작동하는 여러 개의 토큰으로 구성되어 있다. 타일은 블루투스로 앱을 통해 소통하며 연결된 개체를 등록하고 매핑할 수 있다. 분명 타일 단독으로는 쓸모가 없지만, 앱은 타일에게 생명을 불어넣는 '특제 소스'인 추적 서비스를 제공한다. 등록된 아이템을 분실하였을 때 타일은 앱을 사용하여 주인을 찾기 위해 노래한다. 타일의 사운드는 짧고 날렵한 멜로디로, 유쾌하면서도 멀리서 들을 수 있을 정도의 높은 음높이다. 소리를 통한 표현의 힘을 활용하여 인간과 제품 사이의 사회적 관계 형성을 이룬 좋은 예라고 할 수 있겠다.

그림 7-2 타일 물체 추적기

집이나 사무실과 같이 여러 장소에서 엉뚱한 곳에 둔 물건을 추적할 수 있는 기능은 놀라운 이점이지만, 타일에서 실제로 흥미로운 점은 한 사람이 가진 타일과 앱의 단일 체계가 모든 타일 소유자의 앱 에코시스템으로 확장될 때이다. 타일의 커뮤니티 도움 기능을 켜면, 다른 타일 소유자가 서비스를 사용해 또 다른 사람이 잃어버린 물건을 찾는 데 도움을 줄 수 있게 된다.

작동 방식은 이렇다. 당신이 기차를 타기 위해 카페에서 뛰쳐나와 가방을 두고 왔다고 상상해 보자. 가방을 놓고 온 것을 알게 되면 앱을 사용하여 "찾을 때 알림"을 선택하여 커뮤니티를 검색에 참여시킬 수 있다. 타일 앱을 실행하는 사람이 가방의 범위 내에 들어오면, 서비스에서 위치를 전송한 다음 당신의 전화기를 사용하여 가방이 남겨진 정확한 장소로 당신을 안내할 것이다.

이 커뮤니티 활성화 기능은 서비스를 가능하게 하는 에코시스템이 여러 제품을 통해 어떻게 흘러갈 수 있는지를 보여주는 좋은 예이다. 서비스는 타일에 연결되고 타일은 앱에 연결되며 서비스는 여러 모바일 장치에 연결된다. 그것은 단지 개인과 제품 사이에 존재하는 사회적 이익을 모든 타일과 그 사용자가 서로 연결되어 있는 커뮤니티에 편재하도록 확장한다.

사례 연구: 씨티바이크

뉴욕시에서 도입한 씨티바이크Citi Bike 자전거 공유 시스템은 그야말로 즉각적인 성공이었다. 이용 가능한 동네라면 몇 달이 안 돼 사람들의 일상생활에 스며들었다. 씨티바이크 성공 요인의 대부분은 시스템의 사회적 중요성에 대한 모든 측면을 고려하여 얼마나 잘 디자인되었는가에 기인한다. 자전거는 통근을 위해 자전거를 잡는 워크플로우에 맞추어 어떤 라이더의 체형도 수용하도록 제작되었다. 자전거 프레임은 옷에 상관없이 쉽게 탈 수 있는 스텝 스루step-through 스타일이고, 쉽게 닿을 수 있는 벨이 달려 있으며, 가방 등을 보관할 수 있는 홀더가 달려 있다.

씨티바이크 경험의 진정한 묘미는 에코시스템의 주요 디자인에서 나온다. 사용자가 도킹 스테이션에 접근할 때 씨티바이크의 키오스크가 반갑게 맞아주며 간편한 3단계 접근 방식을 제공한다. 키오스크는 멀리서 볼 수 있는 실재감을 가지고 있다. 또한 이것의 크기와 모양은 사용자들이 서 있는 자세로 접근하기 용이하도록 인체에 맞게 구성되어 있다. 사용자들은 곧 씨티바이크 앱을 다운로드할 것을 요구받는다. 디지털 터치포인트touchpoint가 풍부한 해당 앱은 맥락에 맞게 조정되면서 역에서 가장 가까운 자전거 지도를 제공하고 몇 개의 대여 가능한 자전거가 있는지 알려준다. 또한 자전거에 탑승 중인 경우, 개방형 도킹 스테이션에 관한 정보를 제공한다.

추가적으로, 자전거 경험에 대한 사람들의 사회적 상호작용을 향상시키는 위성 프로그램들이 있다. 프로그램 초기에는 자전거 배분이 큰 문제였다. 많은 자전거가 기차역과 같이 유동 인구가 많은 곳이나 언덕의 꼭대기보다는 언덕 아래쪽에 위치한 장소에 방치되어 있었다. 그래서 씨티바이크 트럭이 자전거를 픽업하고 재배분하기 위해 도시를 순회해야 했다. 이러한 문제를 해결하기 위해 도입된 바이크 엔젤 프로그램Bike Angel program은 사람들이 덜 붐비는 목적지로 운행하면 포인트와 보상을 제공하는 등 게이미피케이션gamification(게임화)을 적용하였다. 또한 씨티바이크는 사람들의 사회적 관계를 더욱 향상시키기 위해, 최고의 천사들을 위한 보상으로 우아한 금속 RFID 키를 만들었다. 이것은 자전거의 잠금을 해제하는 기능적인 필요를 제공할뿐만 아니라 그들의 참여와 노고에 대한 배지의 역할도 수행한다.[I]

웨어러블 기기: 신체 인터넷

커넥티드 제품 개발에서 가장 흥미로운 영역은 신체에서 발생한다. 직조와 인쇄 기술의 발전으로 제조업체는 전자 부품을 의류에 직접 내장하여 지속적으로 추적되는 데이터를 제공할 수 있게 되었다. 만약 내가 운동에 조금 더 진심이었다면, 나의 운동 활동뿐 아니라 심장 박동 수까지 포착할 수 있는 커넥티드 셔츠를 구입했을 것이다. 커넥티드 선글라스에 장착된 헤드업 디스플레이는 스스로 설정한 목표에 따라 내가 달리는 동안 실시간 피드백을 주거나 더 많은 칼로리를 태우고 근육을 키울 수 있도록 격려하는 등의 데이터를 표시할 수 있다. 이 에코시스템은 본질적으로 나의 신체와 지속적인 대화를 제공함으로써, 순환계와 근육에

Ian Parker, "Hacking the Citi Bike Points System," New Yorker, December 4, 2017.

무슨 일이 일어나고 있는지 더 잘 이해할 수 있도록 피드백 루프를 생성한다. 집으로 돌아가면, 그것은 에코시스템에 연결될 수 있다. 그곳에서 우리 집 체중계와 눔 식단 추적 앱이 서로 정보를 주고받는 것이다.

그리고 장치 에코시스템의 최첨단에는 의료기기가 있다. 나는 바르셀로나에 본사를 둔 징크zinc라는 디자인 랩에서 일할 때, 임산부들을 대상으로 연구를 진행한 적이 있다. 그들을 지원하는 사회 시스템을 알아보고 그들의 의사소통이 어디서부터 끊기게 되는지 이해하기 위함이었다. 해당 연구로부터 얻은 인사이트는 블룸라이프 스마트 임신 추적기Bloomlife Smart Pregnancy Tracker와 그 앱의 설계로까지 이어졌다. 우리는 여성이 진통에 대해 이해하도록 돕는 것이 병원으로 향해야 하는 결정적 순간이 임박했음을 알도록 하는 강력한 도구가 된다는 사실을 깨달았다. 또한 블룸라이프 추적기는 커넥티드 장치로서 예비 엄마와 예비 아빠, 그리고 둘라doula(출산을 도와주는 사람)나 조산사와 같이 출산이 임박했을 때 그녀를 도와줄 수 있는 사람들과의 사회적 상호작용의 일부가 될 수 있음을 알게 되었다. 이는 내가 생산 시장에서 경험한 사회적 제품의 가장 우아한 사례 중 하나로, 여성과 그녀의 장치, 주위 사람들을 연결하는 사회적 상호작용을 제공한다.

수퍼센서: 다중 데이터 소스의 결합

타일과 같은 개별 센서가 있는 제품에서 큰 가치를 발견할 수 있는 한편, 함께 연동된 여러 개별 제품의 센서 조합을 통해서도 종종 훌륭한 인사이트를 얻을 수 있다. 이 경우 제품과의 주요 사회적 관계는 개별로 존재하는 하나의 개체에 대한 연결에 대한 것보다 더 큰 상위 시스템과의 관계에 대한 것이다.

에코시스템을 통해 다중의 데이터 소스를 보유하는 것의 가치를 강조하는 방법 중 하나로, 어머니가 몇 년 전부터 착용하기 시작한 비상 버튼 팔찌를 들 수 있다. 어머니께 처음 의료 경보 팔찌를 사드리던 날을 기억한다. 우리는 어머니가 부엌에서 넘어져서 일어나지 못하시고, 병원에서 퇴원한 후의 후속 조치로 진료실에 앉아 있었다. 어머니 나이는 85세였고 비록 드물기는 했지만, 우리는 언제든지 어머니가 다시 넘어지실 수 있다는 사실을 받아들여야 했다. 지난번 넘어지실 때는 내가 곁에 없었기 때문에 응급구조대가 강제로 문을 열어야만 했다.

나는 몇 가지 서비스를 조사하여 가장 좋을 것 같은 서비스를 선택했다. 물론 모든 서비스가 거의 비슷해 보였다. 고무 버튼이 달린 플라스틱 팔찌 외에도 펜던트에 붙어있는 버튼 기기를 착용할 수 있는 옵션이 있었다. 버튼을 누르면 중앙 의료경보 서비스에 먼저 전화가 걸리고, 그다음 나와 119에 전화가 간다. 우리 삶에 시스템이 도입된 것에 대한 나의 첫 반응은 큰 안도감이었다. 어머니가 또다시 넘어지신다면 즉시 도움을 받을 수 있을 것이라는 기대에 의한 안도감 말이다.

그러나 나는 곧 그 시스템의 두 가지 특징 때문에 불만이 생겼다. 시스템에는 기본 모드인 수동 전화와 위급 전화의 두 가지 알림 방식만 존재했다. 정보 소통 단계 및 중간 조치를 취할 방법이 없었다. 그래서 어머니가 시스템을 테스트하느라 버튼을 눌렀을 때 허위 경보가 울리는 경우와 즉각적 진료가 필요한 위급 상황이 발생한 경우만 구분되었고, 다른 옵션이 존재하지 않았다. 나는 보다 많은 데이터를 통해 어머니의 건강 상태를 더욱 효과적으로 살필 수 있기를 원했다. 울려오는 허위 경보가 정말 거짓 경보였을까? 아니면 집에서 무슨 일이 일어나고 있는지 더 자세히 조사할 필요가 있는 다른 무언가의 징후였을까? 보안 카메라가 더 많은 데이터를 제공할 수는 있겠지만, 그건 어머니의 사생활을 침해할 것이고 결국 우리 둘 모두에게 불편한 일일 것이었다.

몇 년 후 나는 의료경보 장치 라이블리Lively에 대해 알게 되었고, 어머니와 내가 필요할 때 그것을 존재하길 바랐다. 이 제품은 사랑하는 사람에게 누군가의 건강과 안녕을 모니터할 수 있는 권한을 부여한다. 라이블리는 가정 전체에 분산 배치되고 개인의 라이프스타일에 맞춤화될 수 있는 장치 세트로 구성된다. 모션 센서는 그 사람의 일상을 반영하는 물체, 즉 물뿌리개, 알약 상자, 날붙이류 서랍이나 냉장고와 같이 정기적으로 상호작용을 하는 물체에 부착할 수 있다. 주요 사회적 관계는 모니터하는 가족 구성원과 제품 사이에 발생한다. 비록 사랑하는 사람들이 그들과 물리적으로 상호작용하지 않더라도, 수집된 데이터는 지나치게 간섭하지 않으면서 그들의 상태에 대한 풍부한 정보를 제공한다. 나 같은 딸은 뭔가 이상함을 눈치 채고 전화를 걸어 "괜찮으세요? 식물에 소홀한 거 같은데요?"라고 말해 그 사람의 기분이 어떨지에 대한 토론의 발판으로 사용한다. 또한 시간 경과에 따른 데이터 보고서는 너무 느리게 발생하여 간과하기 쉬운 변화이지만 오래 지속된다면 반드시 해결해야 할 문제에 따른 행동 변화가 필요하다는 자극을 간병인에게 주기도 한다. 이것을 엘리큐 같은 실체감 있는 로봇과 결합하면, 장치와 사람, 환경과 장치, 사람과 다른 사람들 사이의 탄탄한 행위 기반을 구축하기 위해 클라우드에 연결하여 모든 사회적 측면을 활용 가능하게 한다.

장치를 통해 발생하거나 장치와의 사이에서 발생하는 의사소통의 본래 모델을 되돌아볼 때, 제품 하나의 전체적인 경험으로 모든 사회적 측면의 조합을 활용하려면 중개자, 메시징과 화상채팅에 대한 연결, 연결된 장치 환경이 갖춰진 생태계가 필요하다는 것을 알 수 있다.

라이블리와 유사하게, 카나리아 홈 보안 시스템은 일체화된 보안 정보를 제공하기 위해 생태계를 사용한다. 사람의 건강 대신 기본적으로 모니터링되는 것은 가정의 건강이다. 보안 카메라 피드와 공기 품질, 온도와 습도에 대한 정보를 결합한다. 기온이 갑자기 떨어지는 등 데이터가 비정상적이면 경고를 보내고 문이 열려 있는지 확인하기 위해 카메라 피드를 확인하는 등 상황을 더 자세히 조사하기 위한 조치를 취할 수 있다.

농업이나 소매업과 같은 다양한 맥락에서 분산 시스템의 무수한 예가 있다. 앞서 언급한 아마존 고 시스템은 카메라 데이터와 압력과 무게 측정, 재고 분석과 같은 선반 센서와 카메라 데이터를 결합하는 센서 융합 기술을 사용하여, 단순히 매장에 들어가서 원하는 품목을 가방에 넣고 나가기만 하면 되는 리테일 경험retail experience을 제공한다. 체크아웃 과정은 필요 없다. 이 기술은 제품이 언제 선반으로 옮겨지거나 반환되는지를 감지하고 가상 카트에 보관해 둘 수 있다. 매장을 나가면 그 사람의 아마존 계정에 요금이 청구되고 영수증이 발송된다. 이것은 본질적으로 전체 매장을 센서 활성화 공간으로 바꾸고, 사람과 계산대 점원 및 키오스크 사이가 아니라 사람과 매장 제품, 선반 사이의 사회적 상호작용에 초점을 맞춘다.

크라우드소싱 및 집합 데이터

에코시스템으로 인해 가능해지는 소규모 사회적 상호작용의 예는 많지만, 에코시스템의 가장 강력한 효과는 역시 데이터가 대규모로 배포될 때 발생한다.

연구실에서: 스마트한 소식

업무 환경을 설계하는 일은 본질적으로 소셜 디자인이다. 장치가 어떻게 사람들을 연결하고 공동의 교류를 촉진할 수 있는지에 대해 고민하면서, 스마트 디자인의 인터랙션 랩은 사람들이 비언어적인 방식으로 마음 상태를 표현하는 데 도움이 되는 툴을 만들기 시작했다. 해당 장치 상단의 회전부에는 돌려서 어떤 상태로 세팅하는 데 사용하는 작은 크기의 블록이 있다. 블록 상단을 90°로 돌리면 상태가 '바쁨'에서 '여유'로 전환되는 동시에 설정된 내용을 반영하도록 내부 조명이 변경된다. 또한 이 상태는 3개의 글로벌 사무실 중 어느 곳에서든 회사 내의 모든 사람이 접근할 수 있는 웹 애플리케이션을 통해 온라인에 표시된다.

이런 맥락에서 빛을 사용하여 우리는 자신의 개인 비콘beacon을 가진 사람들에게 그들의 상태를 비언어적이고 수동적으로 전달할 수 있는 권한을 부여할 수 있었다. 다른 사람의 책상에 다가가는 동료가 조명을 보고 자신의 메시지를 다시 생각해 보는 것과 같이 다른 사람들이 가까이 있을 때 효과적으로 작동했고, 다른 사람들이 멀리 있는 책상의 풍경을 살펴보고 방의 분위기를 효과적으로 판단할 수 있도록 하는 데도 성공했다. 만약 대규모의 팀이 마감일 준비를 열심히 하고 있다면, 비콘은 조명의 색상을 통해 이 상태를 드러낼 수 있다.

자전거 타기와 달리기 서비스인 스트라바는 활동 통계와 경로 지도를 추적하고 사람들이 어디서 누구와도 이를 공유할 수 있도록 하여, 운동하기 좋은 장소가 어디인지 알고자 하는 사람들이 이용할 수 있는 전 세계 경로 모음을 만든다. 경쟁심이 강한 사람들에게는 성공을 측정하고 목표치를 설정하기 위한 벤치마킹을 제공함으로써, 실시간 혹은 비동기적으로 서로의 기록을 깨뜨리면서 전 세계 어디에 있든 서로 경쟁할 수 있게 한다.

이런 종류의 데이터 수집은 그 영향력이 매우 크고, 일단 그렇게 큰 데이터가 수집되면 집합체 자체로 생명력을 가질 수 있다. 호주의 한 대학생이 트위터에 히트맵heat map을 게시한 후, 아프가니스탄에 있는 한 비밀 군사 기지의 군인들이 발견된 것처럼 순전히 스트라바 데이터를 통해 기밀 정보가 공개되기도 한다. 한 명의 개별 사용자 데이터만으로는 명확히 드러나지는 않지만, 집합 데이터aggregated data의 무서움은 여러 사람 사이의 데이터가 집계됨으로써 일정한 패턴이 명확하게 보여지는 사례를 통해 알 수 있다.[3]

보이지 않던 데이터를 가시화한 에코시스템이 우리를 서로 연결할 가능성을 인정한다면, 우리는 공동의 이익을 위해 에코시스템의 힘을 활용하여 적극적으로 협력하는 방법을 터득할 수 있다. 사람들이 함께 모여 일정 기간 동안 자료를 수집하고 이를 지리적으로 분산하여 그들이 변경되기를 바라는 불의나 위험한 조건에 대한 증거를 수집하는 시민 저널리즘citizen journalism 운동이 확산되고 있다. 스마트 시티즌Smart Citizen이라는 커뮤니티 지향 비영리 단체는 대기질, 온도, 조명 강도, 소음 수준과 습도에 대한 측정값을 하드웨어와 소프트웨어 측면 모두에서 표준화하는 데 힘쓰고 있다.[4] 이런 협업 활동은 사람들이 다른 방법으로는 볼 수 없는 기록된 가치의 흔적(측정값)을 통해 신뢰할 수 있는 원인을 추론하는 데 쓰일 데이터를 크라우드소싱crowdsourcing(일반 대중들의 참여를 통해 해결책을 강구하는 것) 함으로써, 대기질 저하와 같은 열악한 조건을 겪고 있는 이웃을 정확히 찾아내는 데 도움을 준다. 시간이 지남에 따라 더 많이 수집되고, 지도에 그래픽으로 표시된 이러한 다량의 데이터는 지역 사회 단체가 정부 기관에 충분한 주의를 기울이고 건강한 환경을 제공하라는 요구를 하는 데 도움이 될 수 있다.

말하자면 장치를 결합 조직으로 사용하여 사회적 능력이 뛰어난 인간과 제품, 서비스는 그 자체만으로 사회적 인식에 도움이 되는 것이다. 소셜 디자인은 사람들이 데이터를 의미 있는 지표로 변환할 수 있도록 도와줌으로써, 내가 종종 지칭하는 것처럼, 거시적 수준의 트렌드를 보여주기도 한다.

일본 후쿠시마 원전 사고 이후, 낙진 피해가 잇따랐다. 사람들은 그들이 살고 일했던 지역이 안전한지 알고 싶어 했기 때문에 정부가 방사능 수치를 적절하게 측정하고 전달하는 것과 관련하여 행동하지 않는 것에 대해 좌절과 분노를 느꼈다. 이 지역을 조사하는 데 필요한 가이거 계수기(방사선 검출기의 하나)가 전 세계적으로 부족했기 때문에, 활동가들은 세이프캐스트Safecast라는 이름의 그룹을 조직하여 사람들이 공개적으로 공유할 수 있는 비교 가능한 자료를 수집하기 위해 DIY 가이거 계수기를 만들 수 있는 오픈소스 소프트웨어와 하드웨어 키트를 제공하였다. 이 데이터 수집 장치 에코시스템은 사람들이 위기를 더 잘 이해하고 정부가 필요한 곳에서 더 많은 조치를 취할 수 있게 했다.[5]

에코시스템을 통한 브랜드 가치 창출

우리는 제품과 사용자 그리고 그것들을 함께 연결할 수 있는 확장된 에코시스템 간의 관계를 구축하는 여러 기능적 이점 중 일부를 살펴보았지만, 궁극적인 정서적 이점은 통합된 디자인 노력을 통해 강력한 브랜드 감각을 제공하는 데 있다.

그림 7-3 위딩스 스마트 체중계, 스마트 워치, 스마트폰

우리는 종종 데이터 전송과 응용 프로그램 공유 측면에서 서로 잘 작동할 수도 있고 그렇지도 않을 수 있는, 서로 다른 제조업체의 일치하지 않는 제품 컬렉션을 사용하는 데 익숙하다. 잘 고려된 에코시스템을 통해 브랜드는 제품 자체의 속성 뿐만 아니라 제품 간의 커뮤니케이션에서 이점을 얻을 수 있다. 공유된 표현 언어는 추가된 보너스로서 한 제품의 언어를 배우면 모든 제품의 언어를 이해한다는 의미다. 예를 들어 파란색 깜박임은 어느 기기에서나 다운로딩 업데이트를 의미하는 것이라고 생각할 수 있다. 또한 제스쳐, 음성 혹은 화면 기반 메시지에서 커뮤니케이션의 어조도 거의 동일하게 설계된 것이 많다.

예를 들어 내가 몸무게를 확인하기 위해 사용하는 위딩스 체중계는, 걸음걸이와 심박수를 추적하고 GPS를 신호와 매핑하는 스마트 워치뿐만 아니라 가정용 혈

압 모니터와 수면 추적 패드와도 생태계를 공유할 수 있다. 이런 터치포인트에서 생성된 데이터가 결합되면, 사용자가 자기의 건강에 대한 그림을 그리고 좋은 습관은 유지하고 나쁜 습관을 없애는 데 도움을 줄 수 있다. 너무나도 다양한 물리적 제품과 디지털 제품을 함께 사용하는 경우, 유연하고 통찰력 있고 전체적인 여러 가지 다른 경험을 하나의 경험처럼 느끼게 하는 비결은 신중한 방식으로 모든 디자인 디테일을 통해 브랜드 가치를 기획하는 데 초점을 맞춰 디자인하는 것이다.

우리는 대부분 브랜드를 로고와 색상, 서체를 통해 표현한다고 생각한다. 하지만 브랜드는 소셜 디자인 프레임워크의 모든 부분이 브랜드를 나타내도록 제작될 수 있어야 한다. 그런 다음 에코시스템 구성부 곳곳에 적용하여 브랜드를 통합하는 것이다. 에코시스템에서 여러 제품의 브랜드적 특징을 자세히 전달할 방식으로 재료, 형태, 소리, 빛, 움직임, 사회적 제스처와 문구에 대한 지침을 제시한 브랜드 가이드라인의 힘을 상상해 보자.

위딩스의 브랜드는 깔끔하고 미니멀하며 우아하고 부드럽고 친근하며 클래식하다. 그들의 시그니처 스마트 워치는 경쟁사들이 가지고 있는 빛이 나는 디지털 디스플레이와는 다르게 아날로그 다이얼과 시곗바늘을 가지고 있다. 그들은 가죽과 패브릭 같은 부드럽고 자연스러운 소재, 흰색과 회색 같은 연한 색상, 채도가 높은 포인트 색, 시계 눈금의 넓은 반경과 수면 패드 모서리와 같은 곡선 형태를 통해 프레임워크의 실재감 부분을 이용한다. 표현 부분은 조화로운 사운드 팔레트와 시계 모드와 읽기 쉬운 눈금 디스플레이와 같은 절제된 디스플레이를 통해 통일된다. 상호작용은 데스크탑과 앱 도구가 비슷하게 부드러운 색상과 깔끔한 레이아웃을 보여주는 동안 활성화하기 위해 시계 꼭지 혹은 밟기만 하면 되는 체중계 상판과 같은 전통적인 물리적 입력에 의존하는 일관된 입력 시스템을 통해 정의된다. 그리고 맥락은 결정적으로 가정 환경에 초점을 맞추었다.

통일된 브랜드 경험을 갖는 것은 우아한 느낌을 줄 뿐 아니라, 내 데이터 흐름을 원활하게 만듦으로써 (예를 들면, 장치가 나를 대신하기 때문에 심박수를 적극적으로 확인할 필요가 없음) 내 제품에 대한 자신감을 높여줄 수 있다. 궁극적으로는 하루 종일 어정쩡한 시간에 여러 종류의 앱에 머리를 파묻지 않고도 내 라이프스타일에 맞는 더 즐거운 경험을 만들 수 있다.

한편 나의 희망 사항이라는 것을 알지만, 체중 감량 노력에서 내 도구가 내게 제공하는 인지적 저항이 적을수록 내 나머지 4.5kg을 감량하고 유지할 가능성이 높아진다. 거기에 도달하는 데 수십 년이 걸릴지도 모르지만, 내 사회적 장치 에코시스템과 코치, 그리고 서포트 그룹 덕분에 아마도 난 적정 체중의 건강한 몸매와 더불어 가끔 사 먹는 아이스크림까지 전부 얻어 낼 수 있을지도 모른다.

> ### 에코시스템 디자인 체크리스트
>
> - 클라우드에 연결할 수 있는 기기는 짧은 순간을 넘어 데이터가 지속하게 함으로써, 시간이 지남에 따라 제품의 이점을 확대시켜 줄 추적을 가능하게 한다. 생활 업데이트는 사용자의 개입 없이 잠깐 사이에 개선된 특성을 띨 수 있도록 하는 능력을 제공한다.
>
> - 일상생활에서 분산 터치포인트로 활용되는 여러 가지 기기를 활용해서 건강한 습관 만들기와 같은 행동 변화를 끌어낼 수 있다.
>
> - 함께 작동하는 다중 센서 입력은 개별 센서보다 더 풍부하고 신뢰할 수 있는 데이터를 제공하고, 다양한 입력의 합성을 통해 아마존 고와 같이 매끄럽고 투명하며 직관적인 상호작용 경험을 제공할 수 있다.
>
> - 서비스는 다양한 제품을 통해 계획되어 통일된 경험을 제공할 수 있다.
>
> - 브랜드 가치는 신중한 디자인 언어의 선택을 통해 강화된다.

8장

AI를 비롯한
다양한 수준의 지능

폰커치프Phonekerchief는 걸려오는 전화와 문자 메시지를 차단하기 위해 고안된 실버 섬유로 만들어진 손수건이다. 식사 파트너들이 서로에게 세심한 배려를 하고 있음을 보여주는 액세서리로, 전면에는 '당신을 위해 휴대폰을 꺼 두었습니다'라는 문구가 수놓아져 있다. 처음에 이 제품은 터무니없는 시도처럼 보였다. 그러나 결국 많은 아이폰 사용자는 세계에서 가장 정교한 센서와 달 탐사 계획에 사용된 것보다 더 강력한 컴퓨팅 능력을 지닌 해당 제품에 1,000달러에 가까운 돈을 기꺼이 쓰고 말았다. 이 모든 세련된 기술을 가지고 왜 그 강력하고 작은 장치(아이폰)를 쓸모없게 만드는 보조 제품을 사용하고자 할까?

이렇게 생각해 보자. 오늘날 많은 장치는 첫 데이트를 하는 커플과 함께 테이블에 앉아 경보를 보내며 계속 말참견을 해대는 로봇과 유사하다. "엄마한테 전화가 왔어요.", "내일 심각한 기상경보가 발령되었습니다!" 그리고 "축하합니다. 당신의 데이트 앱에 3명의 새로운 추천자가 있습니다."라고 하며 관심을 끌기 위해 손을 흔들기도 하는 그런 로봇 말이다. 이런 로봇에게는 담요를 던져서 입을 다물라고 말하고 싶은 욕망이 생기기 쉽다. 물론 이 경우에는 그저 작은 손수건을 머리 위에 던지는 정도겠지만 말이다.

여기 이 책의 주요 메시지가 잘 드러난다. 소비자 제품을 기준으로 보면, 사회적 가치는 제품 성능의 다른 어떤 요소보다 더 큰 비중을 차지한다. 폰커치프의 경우, 작동 중에 예의 바른 사회적 행동으로부터 벗어나 누군가를 산만하게 하는 휴대폰의 경향은 부정적인 특성이고, 따라서 절제될 필요가 있다. 물론 볼륨을 낮추거나 전화를 진동 또는 방해금지 모드로 전환하는 등 폰 자체만으로 조용히 있게 할 몇 가지 방법들이 있긴 하지만, 폰커치프의 눈에 보이는 몸짓은 냅킨이나 식탁보와 어우러지면서 일상적인 사회적 맥락에 맞는 물질적 형태로 훨씬 더 명확한 사회적 단서를 제공한다. 이 제품은 완전히 반직관적인 동시에 보편적으로 널리 이해된다. 게다가 사람들이 그들이 가진 기기 말고 다른 것에 계속 관심을 가지도록 장려하려는 목적을 띠고 만들어진, 서로 무관한 제품이나 아이디어는 이미 수십 가지가 넘는다. 폰커치프는 그중 하나일 뿐이다.

인공지능이 주도하는 소셜 인텔리전스

지금까지 소셜 디자인 프레임워크의 각 계층인 실재감, 표현, 상호작용, 맥락과 에코시스템을 살펴보았다. 이제 한 걸음 물러서서 사회적 지능에 대해 숙고하기 위해 전체적인 그림을 보아야 한다. 진정으로 훌륭한 경험을 제공할 수 있도록 제품을 향상시키는 것은 앞서 설명했거나 이 책의 많은 사례를 통해 제시되었던 종류와 같은 '관계성'이다. 여기서 관계성이란 사회적으로 많은 관심과 흥미의 대상이 되는 다양한 행동과 이벤트를 언제, 왜, 그리고 어떻게 방해하고, 돕고, 보조하고, 봉사하고, 환영하고, 조화를 이루고, 돋보이게 하는 역량을 가진 상태라고 볼 수 있다. 기능과는 근본적으로 다른 특질인 역량은 제품이 특정 신통한 기능이나 최첨단 기술을 가졌음에서 나오는 것이 아니라, 당면한 상황에 필요한 정확한 사회적 이점을 제공하기 위해 기능과 기술을 신중하고 전략적으로 활용함에서 비롯된다. 인공지능은 이러한 기술들 중 하나를 대표하지만 그 자체가 마법의 총알은 아니다. 모든 디자인 프로세스의 추진 동력은 앞서 설명한 것과 같은 연구 방법에서 얻은 주요 시나리오와 통찰력으로 식별되는 사회적 니즈여야 한다. 일단 사회적 요구가 이해되면 인공지능의 특성을 고려하여 디자이너의 활용 기술 팔레트의 하나로 사용할 수 있는 것이다.

앞서 언급한 로봇 목시와 복도에서의 교류로 돌아가 보자. 연구팀은 사람들과의 사회적 교류를 늘리는 데 진심이었기 때문에, 사람의 실재감을 인정하는 표시로서, 일정 거리 내에 인접한 사람들을 지나갈 때 막시가 "실례합니다."라고 말하도록 프로그램 하였다. 그리고 이런 막시의 행동은 로봇의 내비게이션이 사람의 근접성을 느끼고 있다는 안도감을 제공하였다. 그러나 연구팀이 목시의 사회적인 능력을 더욱 높이기 위해 씨름했던 시나리오는 그 외에도 무수히 많다. 예를 들어, 목시가 문을 열고 들어가는 미션을 생각해 보자. 병원에 있는 수납장이나 연구실과 같은 공간에 접근할 때, 로봇은 모든 종류의 문손잡이를 다루지는 못하기 때문에 그 접근성에 제한이 있을 수 있다. 물론, 단순히 누르기만 하면 되는 푸시버튼 같은 손잡이는 목시의 그리퍼gripper(사람의 손가락과 같은 역할을 하며, 물체를 쥐어 가공되도록 하는 장비)로 조작 가능하겠지만, 둥근 손잡이나 푸시 바와 같은 것들은 로봇이 발휘하기 힘든 손재주를 필요로 하기 때문에 문을 열고 안으로 들어가기 위해서는 사람의 도움을 받아야 한다. "저를 도와줄 수 있나요?"와 같이 간단한 소통처럼 보이는 것조차도 사실은 사회적인 복잡성을 요한다. 간호사, 환자의 가족 방문객 혹은 병원에 소속되지 않은 자동판매기 서비스 직원 중 가장 접근하기에 적합한 사람은 누구인가? 누구에게 접근해야 하는지 알기 위해 사람들 사이의 차이를 알아보도록 로봇을 훈련시키는 방법은 무엇일까? 그리고 협력자가 선택되면 로봇은 도움을 요청하기 위해 끼어들 적절한 시기가 언제일지 어떻게 알 수 있을까? 곤혹스러워하는 간호사, 걱정스러운 환자 가족, 이런 일에 무관심한 서비스 직원의 마음 상태를 로봇이 어떻게 이해하고 민감하게 행동할 수 있을까? 이때, 출입구에서부터 로봇을 속이면서 접근하는 사람을 만나게 되는 상황과 같은 복잡한 가정은 고려하지 말자. 사기꾼은 현명한 사람도 알아보기 어려울 때가 많다. 로봇에게 그토록 세밀한 분별력을 기대할 수는 없을 것이다.

크랜브룩 대학의 4D 디자인 프로그램에서 디자인 학생들에게 제공하는 멘토링뿐만 아니라, 딜리전트와 같은 회사와 협업하는 작업의 전반적인 초점은 위에서 말한 사회적이고 사회에 관한 질문에 맞춰져 있다. 이와 유사하게, 오늘날의 스마트 기술이 제공하는 혜택을 최대한 활용하고자 하는 모든 제품 제작자는 사회적 관심사를 디자인 프로세스의 전면과 중심에 둘 것이다. 기술 발전이 결코 사소한 것은 아니지만, 우리에겐 센서와 액추에이터, 소프트웨어와 인공지능에 이르기까지, 사람들이 나눈 제품과의 경험을 통해 인간에 대한 정보 수집 측면에서 새로운 수준의 정교함에 도달한 수많은 툴이 있다. 디자이너의 과제는 제품의 성능을 고도화하거나 기술 부족을 보완하는 것이 아니라, 다른 어떤 요소보다 인간의 가치를 우위의 목표로 놓고 중점적으로 추구하는 데 있다.

인공지능을 둘러싼 소문

오늘날 비즈니스에 종사하는 사람이라면 "기술 분야"인지 아닌지 관계없이 누구나 비즈니스를 근본적으로 변화시키는 인공지능의 힘에 대한 소문을 들은 적이 있을 것이다. 유명한 기술 이론가이자 〈Wired(와이어드)〉 매거진의 공동 창립자인 캐빈 켈리Kevin Kelly는 그의 저서 《인에비터블 미래의 정체The Inevitable》에서 "이제 우리가 이전에 전화electrify시켰던 모든 것을 인지화cognify시키게 될 것이다. 약간의 추가 지능지수를 주입함으로써 새롭고, 다르거나, 더 가치 있게 만들 수 없다고 생각되는 것이 거의 없다. 사실, 다음 10,000개 스타트업의 사업계획이 대체로 'X를 택해서 AI를 추가하자'라는 식이 될 거라는 것은 쉽게 예측할 수 있다."라고 말한 바 있다. 여기에 스타워즈의 C-3P0와 R2-D2, 엑스마키나ExMachina의 에이바와 같이 대중문화가 수십 년 동안 우리에게 심어준 지능형 로봇에 관한 모든 기발한 비전을 더하면, 우리는 인간의 니즈에 정확히 대응 가능한 성능을 갖춘 무수한 신제품을 만들어내는 인공지능의 능력을 분별하여 사용할 수 있는 기술을 터득한 것이나 다름 없다.

스포츠와 엔터테인먼트에서 의학, 교육에 이르기까지 모든 산업에서 인공지능은 분명히 엄청난 잠재력이 있지만, 사회적 지능이 없다면 어떤 인공지능이 되더라도 그 경험은 미흡한 부분이 많다. 오늘날 인공지능은 분명히 주목할 만하며, 비록 사회적인 지능형 제품의 주요 성분이 될 수도 있겠지만, 디자인 프로세스에서 사용되는 도구일 뿐 제품의 심장부라고는 할 수 없다. 인공지능이 어떤 점에서 사회적 지능과 잘 어울리고 근본적으로 그 둘이 어떻게 다른가에 대해 이해하려면, 지능과 기계에 대한 개념을 서로 구별하기 위해 관련 몇 가지 용어를 정의하는 것이 도움이 된다. 기술의 특성을 기반으로 디자인하려면 각 기술적 도구가 제공하는 이점을 잘 이해해야 한다. 다음은 그것들에 대한 간단한 요약이다.

인공지능은 사람과 인터페이스 간의 상호작용에 컴퓨팅 능력computing ability을 적용하는 다양한 요소를 아우르는 포괄적인 문구이다. AI에 대해 일반적으로 합의된 단일한 정의는 없지만, 대략적으로 경험을 개선하는 데 사용되는 소프트웨어 툴 세트라고 소개할 수 있겠다.

대화형 에이전트는 소프트웨어를 사용하여 음성 혹은 필기된 언어를 해석하고, 대화 모드의 상호작용 시 자연어로 응답하는 인터페이스이다. 인공지능의 속성을 사용하여 사람의 의사소통을 생성하고 처리하며 응답한다. 우리는 시리, 알렉사, 코타나 또는 구글 어시스턴트와 같은 대리자를 AI라고 생각할 수 있지만, 실제로 이 대리자는 그 외곽에 위치한 계층으로서, AI를 독립적인 개체처럼 느껴지게 바꿔주는 역할을 한다.

머신러닝은 예제 데이터를 사용하여 컴퓨터가 작업을 예측하거나 수행하는 방법을 개선하는 기술로, 투입되는 데이터가 클수록 지속적으로 더 똑똑해진다. 주문형 음악 스트리밍 서비스를 위한 머신러닝 알고리즘은 청취자의 선호도를 수집하고 유사한 음악 취향을 가진 다른 청취자와 결합하여 자동 추천을 제공할 수 있다. 이러한 유형의 지속적인 데이터 공급과 학습 시스템은 유리한 거래에 대한 경보를 원하는 금융 전문가에서부터, 판례를 찾아야 하는 법률 전문가와 증상 패턴을 찾기 위해 수천 건의 환자 스캔을 분석하는 의료 전문가에 이르기까지 매우 복잡한 작업을 지원하는 데 사용할 수 있다.

딥러닝은 출력을 통한 알고리즘의 변동량이 클수록 더 많이 학습하고, 본질적으로 스스로 학습한다는 점에서 머신러닝보다 한 단계 더 나아간다. 사용자의 피드백이나 프로그래머의 개입 등 외부 지침의 투입을 필요로 하는 엄격한 머신러닝과 달리 딥러닝은 계속 성장하는 알고리즘의 계층 구조인 인공 신경망을 사용하여 예측이 정확한지 판단한다. 이 생각은 인간이 결론을 도출하는 방식을 닮은 논리 구조로 데이터를 지속적으로 분석하여 학습하는 시스템을 구축하자는 것이다.[2] 좋은 예로는 언어 번역, 이미지에서 개체 식별, 자동 게임 플레이 등이 있다. 2015년 9월 14일자 〈테크놀로지 리뷰〉 헤드라인에는 "딥러닝 기계는 72시간 만에 스스로 체스를 배우고, 국제 마스터 레벨에서 경기한다."라고 적혀 있다.[3]

사회적 지능은 이 책 전반에 걸쳐 사용되는 용어로, 이를 이용하는 사람과의 관계에 대한 민감성을 기반으로 다양한 사회적 측면에 적절히 반응하는 제품 상호작용에 컴퓨팅 능력을 적용하는 데 중점을 둔다. 경우에 따라서 사회적 지능의 생성에는 상황에 대한 구분 없이 연산만을 계속하는 무차별 컴퓨팅보다 사전 정의되고 제어된 상호작용 시나리오가 더 많이 필요하다.

범용 인공지능artificial general intelligence, AGI은 서로 다른 환경과 과업에 적응하고 그 둘 사이에 지식을 전달하는, 인간과 같은 방식의 능력을 보여주는 아직 존재하지 않는 소프트웨어다.[4] AGI는 공상과학 미래에 대한 우리의 예측과 일상적 사물을 향한 희망과 꿈이라는 점에서 대중의 상상력을 사로잡았고, 아마도 사회적 지능과 매우 근사한 과학적 접근 방식일 것이다. 상상할 수 있는 모든 주제에 대한 대화가 수월하게 진행되고 끊임없이 진화하는 〈그녀〉와 같은 영화에서 완전히 사회적인 에이전트를 찾는다면, 우리는 AGI의 구현을 상상하고 있는 것이다. 영화 속의 AGI가 완벽하고, 최대한 사회적인 것처럼 들릴지 모르지만, 우리 기술이 이런 방식으로 작동할 만큼 정교하려면 아직 멀었다. AI는 그 지능력에 있어 매우 협소한 시스템이라고 보는 것이 합리적인 기대라고 하겠다. AI는 매우 특정한 맥락에서 얻어진 데이터 세트와 이전에 경험한 것에 기반한 특정 문제만을 다루도록 훈련되어 있기 때문이다. 예를 들어, 테슬라 오토파일럿 시스템과 같은 오늘날 반자율주행 차량의 정교한 AI는 사람, 차량, 간판, 환경과 기타 사물을 비전 기반으로 인지, 식별과 의사 결정을 내린다. 그러나 이렇게 비교적 희망적으로 판단한다 해도, 차량 그래픽을 표지판으로 착각하거나, 드라이버의 운전 패턴을 오해하거나, 특정 문화를 상징하는 표지판을 마주하면 제대로 해석하지 못하거나, 트럭 측면 하부로 돌진해 들어가 운전자를 죽음으로 몰고 간 악명높은 테슬라에서 알 수 있듯이 차량을 식별하지 못하는 문제와 같은 시스템의 한계에서 비롯된 더 큰 잠재적 오류에 대한 여지를 남긴다.[5]

오늘날 AI의 또 다른 한계는, 간단히 말해, 상식의 부족이다. 뉴욕대학교New York University의 심리학 교수이자 《Rebooting AI: Building Artificial Intelligence We Can Trust(리부팅 AI: 우리가 신뢰할 수 있는 인공지능 구축)》의 공동 저자인 게리 마커스Gary Marcus는 간단명료하게 2016년 세계 바둑 챔피언을 꺾은 것으로 유명했던 AI는 방에 불이 나더라도 계속 경기할 것이라고 설명했다.[6] 이 같은 비상사태는 인간이라면 누구나 즉시 인지하고 대응할 수 있는 단순한 사실이지만, AI는 전체론적인 지식이 없기 때문에 화재 발생이라는 사건은 기록된 데이터 세트의 일부가 아니라는 단순한 이유로 무관한 것으로 여겨져 완전히 무시된다.

기술적인 관점에서 볼 때, 어떤 전문가들은 우리가 AGI를 결코 달성할 수 없을 것이라고 주장하고, 다른 전문가들은 먼 미래의 어느 시점에 AGI에 도달할 타임라인을 추정할 수 있다고 주장하기도 한다. 시애틀에 위치한 앨런 인공지능연구소Allen Institute for Artificial Intelligence의 대표인 오렌 에치오니Oren Etzioni는 〈Popular Science(파퓰러 사이언스)〉지와의 인터뷰에서 "일반 지능은 사람들이 하는 일과 같다."라고 말했다. "그런데 사람으로 치면 6살이나, 심지어 3살 정도의 능력을 가진 컴퓨터가 우리에게 없기 때문에 일반 지능까지는 아직 갈 길이 멀다."라고 이야기했다.[7]

디자이너로서 나는 AGI를 개발하기 위한 경쟁이 잘못되었다고 생각한다. 그것은 인지적으로 팔, 다리, 몸통, 이목구비와 더불어 완전한 표현력을 갖춘 머리로 이루어진 휴머노이드 로봇과 동등하다. 그것은 가령 압침을 박기 위해 망치를 휘두르는 등의 인간이 필요로 하는 특정 작업을 수행할 수 있는 단순하고, 맥락적으로 적합하며, 우아한 제품일 것이다.

AGI는 궁극적으로 비현실적이고 비효율적이며, 모든 상황에 적응하게 될 가능성보다 주요 상호작용이 잘못될 가능성이 훨씬 높다. 제품이 특정 상황에서 적절하게 행동하고 반응할 수 있게 된 다음, 그 맥락을 둘러싼 광범위한 사회적 복잡함에 숙련될 때 훨씬 더 효과적이고 성공적일 것이다. 요리법 과정을 안내해 줄 조리대 위의 블록, 대화의 일부를 다른 언어로 번역할 수 있는 헤드폰, 혹은 내가 말을 걸기 시작하면 나를 향해 머리를 돌리는 마이크를 생각해 보자.

전문화된 제품은 상호작용의 사회적 뉘앙스에 초점을 맞춰 잘 정의된 특정 시간, 장소와 사고방식에 적절하게 대응하고, 일반화된 인터페이스가 간과하고 지나감으로써 막대한 사회적 오류의 위험을 감수해야 할 것 같은 정도와는 전혀 다른 수준의 민감도를 제공할 수 있다. 최근 구글은 듀플렉스 소프트웨어를 도입하여 사람의 목소리로 인간다운 대화를 수행하는 컴퓨터에게 대화를 위임하도록 했다. 실제 사람과 똑같은 소리를 내는 디지털 비서를 상상해 보라. 무대 위의 데모에서는 시스템과 식당에서 주문받는 사람 사이의 대화를 보여주었다.[8] 그것은 소프트웨어가 사람들에게 그들이 인간과 말하고 있다고 생각하도록 속일 것이라는 두려움에 대한 큰 회의론과 반발에 부딪혔다. 이것은 우려되는 위험이지만, 제품 디자인의 관점에서 훨씬 더 걱정되는 것은 어떻게 제품이 사회적 실수를 범하느냐 하는 것이다. 그것의 지능은 여전히 좁은 영역에 갇혀 있기 때문에 (목소리가 인간 같이 들린다고) 인간과 동일하다는 생각은 거대한 착각이다. 그것은 제한된 몇몇 종류의 비즈니스에 대한 예약과 약속된 일정을 처리할 수 있을 뿐, 그 이상은 할 수 없다. 마커스는 구글을 빗대어 "인공지능 분야에서 세계 최고의 인재들이 세계에서 가장 큰 컴퓨터 클러스터를 사용하여 식당 예약만을 하기 위한 특수 목적의 장치를 만들었다. 듀플렉스는 그 이상 더 좁아질 수 없다."라고 서술했다.[9]

사회적으로 지능적인 제품 디자인에 대한 현명한 접근은 인간이 할 수 있는 것을 지나치게 열성적으로 복제하려는 시도에 앞서, 인간 상호작용에 활용되는 인터페이스의 한계를 인정하는 것부터 요구하고 있다.[10]

사회적 지능을 위한 도구 AI

나는 AI의 실현되지 않은 약속을 폄하하려는 뜻은 없다. 나는 AI 연구의 역사에 엄청난 존경심을 가지고 있다. 그러나 AI의 복잡성에 대한 경외심에 빠져 AI를 스마트 제품을 위한 묘책으로 삼으려는 것은 좋지 않다고 여긴다. 나는 제품 디자이너, 개발자와 관리자에게 기술과 그 기능에 대한 지속적인 이해를 유지하길 권

고한다. 유명한 아서 클라크Arthur C. Clarke의 "충분히 진보한 기술은 마법과 구별할 수 없다."라는 말은 대단히 낭만적인 개념이지만, 진정으로 훌륭한 제품은 기술에 대한 더 깊은 이해와 함께 기술을 더 큰 사회적 목표를 달성하기 위한 수단으로 취급할 수 있을 만큼 하나하나 명확하게 설명할 수 있게 하는 데 충분한 시간을 할애해야 얻을 수 있다.[11] 목표에 대한 철저한 이해, 그리고 수단이 어떻게 목표와 관련되어 있는지에 대해 깊이 고민할 때, 제품 디자이너는 크리에이티브, 기술과 비즈니스 팀 간의 강력한 가교 역할을 할 수 있다. 또한 이상적으로는 일반 소비자가 자신의 제품이 가진 능력의 최대한을 사용할 수 있도록 도와준다. 마법은 마침내 환상이 무너지게 되면 실망스러울 뿐이다.

사회적 지능이 있는 제품을 디자인하기 위한 선제 조건은 제품을 사용하는 사람의 의도를 이해하는 것이다. AGI의 관점에서 모든 것을 아우르는 인터페이스를 구축하는 것은 불가능하고 잘못되었을 가능성도 높기 때문에, 교류가 이루어지는 맥락뿐만 아니라 사용자가 제품으로 달성하고자 하는 작업과 관련된 전반적인 목표에 대한 적절한 정의를 갖는 것이 필수적이다. 시나리오 정의, 프로토타이핑과 바디스토밍 탐색에 대해 앞에서 설명한 방법은 상호작용이 발생하는 영역과 맥락을 파악하기 위한 훌륭한 토대가 된다.

기대치 설정

사회적 제품을 위한 개발 계획의 기초가 되는 핵심 요소는 기대치를 설정하는 것이다. 일례를 들자면, 사이먼 소셜 로봇 연구 프로젝트에서 나는 연구 참여자들 사이에 존재하는 인식을 예측하고 대응하기 위해 안드리아의 조언을 중심으로 창의적인 방향을 세웠다. 구체적으로 우리는 주변 사람들이 수행할 활동에서 사물과 색상에 대해 학습해서 세상의 가장 단순한 측면을 감안하고 처리하는 사이먼은 학습 로봇이므로 당연히 전지적이지 않다는 점과, 로봇은 생물이라는 환상을 불러 일으킬 수 있음에도 불구하고, 생명체를 닮았다기 보다는 생명체와 기계 사이의 어떤 것 정도로 여겨질 수 있다는 점을 소통하고자 노력했다.

이러한 목표를 달성하기 위해 우리는 기계가 젊고 선입견에서 자유롭다는 의미에서 학습 부분을 강조하기 위해 유아 미학에 기초한 형태를 만들었다. 우리는 또한 매끄러운 플라스틱 부품과 기계적인 형태로 일컬어지는 기기 미학을 사용하여 생명에 대한 환상을 상쇄함으로써, 말을 하고 몸짓을 선보이는 로봇이지만 여전히 근본적으로 기계라는 메시지를 전달하고자 했다.[12]

사람과 사이먼 사이의 개별적인 교류에서, 연구팀은 전반적인 프레젠테이션뿐만 아니라 대본에 많은 신경을 쏟아 로봇 측에서 생각하는 학습 영역과 교류의 의도를 명확하게 했다. 2010년 컴퓨터 시스템에서의 인간인자 컨퍼런스2010 Conference on Human Factors in Computing Systems, CHI에서 로봇의 색상 학습 능력에 대한 시연이 명확하게 언급되었으며, 사람들은 학습을 가능하게 하는데 사용할 문구를 중심으로 코칭을 받았다. 마찬가지로 전자레인지는 음식 유형, 조리 시간과 온도와 관련한 사람의 의사소통에 응답할 수 있으며, 디스플레이 패널과 내장된 대화 에이전트와 같은 제품 터치포인트도 성공에 대한 기대치를, 비록 아주 좁기는 하겠지만, 설정할 수 있었다. 그것은 부엌에서 일어날 수 있는 모든 일에 감응하고 처리할 수 있는 로봇은 아니지만, 사회적 맥락 안에서 강점과 능력, 그리고 지능을 가지고 있었다.

새로운 사회적 제품이 성공하려면 명확하게 정의된 맥락 안에서 사용자를 끌어들이는 미적 특성을 통해, 그것과 유사하게 기대치를 관리함으로써 신속하게 대중들에게 받아들여져야 할 것이다.

물체의 물리적 존재에서부터 화면상의 시각적 언어, 그리고 어떤 톤이나 음성 반응의 소리에 이르기까지 모든 것이 의미적인 가치를 띄고 전달될 것이기 때문에, 한계를 인정하는 전략을 구축하는 것이 사람들이 무엇을 기대하고 그에 따라 어떻게 상호작용해야 하는지 이해하는 데 도움이 될 것이다. 사람들은 로봇이 마술과 같이 정교한 지식과 지각을 가지고 있다고 생각하기 때문에, 그 부분에서의 신화적 믿음를 없애는 것이 잘못된 의사소통을 피하는 데 도움이 될 것이다. 자율주행 차량의 예를 들어보면, 자동차가 키트K.I.T.T.와 같이 모든 것을 아우르는 구루guru라는 우리의 관념을 깨느냐 마느냐 하는 문제에 프로젝트의 성패가 달렸다고 해도 과언이 아니다. 시스템이 주변 세상의 이미지를 보고 처리하는 방법을 보다 명확하게 보여주는 화면 그래픽과 구두 프롬프트verbal prompt를 통해 내가 '로봇 두뇌'라고 부르는 개념을 사람들이 이해하도록 하는 것은, 사람들이 인간-제품 파트너십에서 자신의 역할을 인지할 수 있게 해준다. 또한 정보나 처리능력의 부족으로 자율주행 차량이 적절하게 처리할 수 없는 극한의 기상 조건과 같이 기계가 사람에게 통제권을 넘겨야 하는 보다 우아한 '인계'의 순간을 만들 수 있다.

사람들에게 제품의 한계를 알리는 활동 이면에는 로봇의 능력을 증폭시키는데 디자인 활용하는 일이 있다. 사이먼 프로젝트 당시에만 해도, 언어를 통해 기계와 상호작용하리라고 기대하지 못했다. 다채로운 표정 연출에 더해진 로봇의 커다란 귀는 "어서 이야기하세요. 잘 들립니다."라는 메시지를 나타내는 역할도 했다. 나는 이후 소셜리 인텔리전트 머신즈 랩에서의 후속 로봇 프로젝트에서, 눈의 역할을 하는 카메라 주위에 가시적인 바이저visor를 만들어 시야각을 보여주고, 실제 귀 모양으로 표현된 마이크나 스피커홀speaker hole이라는 상징적인 형태를 통해 들을 수 있는 능력을 과장하는 등 여러 가지 능력을 강조하기 위해 디자인 의미론을 활용했다.

인튜이션 로보틱스의 CEO 도어 스컬러는 한 인터뷰에서 제품의 행동 자체만큼이나 중요한 것이 시스템에 대한 개인의 기대치를 관리하는 것이라며, 양방향

소통으로서 공감의 중요성을 강조했다.

이러한 에이전트의 전체 목적은 임무 중심적이고 매우 구체적인 결과를 달성하기 위해 노력하는 것이다. 이를 위한 가장 좋은 방법은 신뢰를 구축함으로써, 사람이 기계와 공감하게 하는 것이다. 또한 적어도 서로 경청하고 어느 정도의 여지를 주게 하는 등 사람과 에이전트 간에 장기 파트너십 혹은 팀원 같은 유형의 관계를 구축하여 에이전트도 사람에게 공감하고 있다고 믿게 하는 것이 필요하다. 우리는 일단 신뢰와 공감을 기반으로 하는 관계가 형성되면, 사람들이 일반적으로 그들이 신뢰하는 사람들끼리나 공유하는 매우 개인적인 정보를 에이전트와 기꺼이 공유한다는 것을 발견했고, 이는 에이전트를 통해 그 사람을 돌보는 과정에 도움이 된다는 것을 알게 되었다.[13]

지속적인 교류를 통한 학습

좁은 영역에 속박된 AI가 세상의 모든 것을 이해하기 위해 엄청나게 힘든 작업을 수행하도록 강요하는 함정에 빠지지 않기 위해 필요한 조치는 상호작용하는 사람의 맥락에 적합한 핵심 요구를 이해하고 적절하게 반응하는 도구로 AI를 사용하는 것이다.

사회적 지능을 구축하기 시작하려면 교류의 역사를 통해 사용자에 대한 학습 기능을 구현해야 한다. 대표적인 예로 2011년의 게임 체인저game changer(기존 시장에 엄청난 변화를 야기할 정도의 혁신적 아이디어를 가진 사람이나 기업)였던 스타트업 네스트(현재 구글 네스트)가 있다. 이들은 사람들에게 더 나은 실내 온도 조절을 제공하기 위해 제품에 학습의 힘을 장착시켜, 평온하던 온도조절기 시장을 들쑤셔 놓았다. 처음 설치되었을 때는 전통적인 온도조절기와 조절 기능에 있어 대동소이했지만,

점차 가족의 전형적인 조절 패턴 데이터를 수집하게 되면서, 편안할 뿐만 아니라 에너지 효율적으로 온도를 자동 조정할 수 있게 되었다. 예를 들어, 가을 날씨에 온도조절기를 22℃까지 지속적으로 돌리면, 제품은 결국 이 패턴을 학습하고 능동적으로 자동 설정을 하여, 사람이 더 이상 추위를 느끼고 온도 조절을 할 필요를 없게 만들었다. 또한 휴대전화 위치를 감지하는 센서를 활용하여 집에 아무도 없는지 확인을 한 다음, 온도조절기를 조종하여 에너지를 절약하게 했다. '9월의 이 날은 춥기 때문에 온도조절기를 세팅할 필요가 있다'라는 경험보다, 사람은 사용자의 필요를 염두에 두고 미리 조정된 공간으로 들어가기만 하면 된다. 어떤 의미에서 더 큰 공기조화 기술Heating, Ventilating, and Air-conditioning, HVAC 시스템은 로봇이고, 네스트는 로봇 두뇌이며, 그 안에 사람이 존재한다고 볼 수 있는 것이다.

디지털 발자국에서 성격 추론하기

학습의 개념을 한 단계 더 진전시키고 더 큰 데이터 소스를 살펴보면, 더 크고 일반화된 데이터 세트와 함께 더 깊이 관련된 기계 학습 테크닉을 사용하여 제품을 사용하는 개인 또는 집단에 대한 자세한 그림을 추론할 수 있다.

스탠포드 대학 부교수 미할 코신스키는 그의 연구에서 개인의 심리적 특성을 발견하는 데 적용되는 데이터 분석법의 힘에 관해 설명한다. 데이터를 모아서 개방성, 성실성, 외향성, 친화성과 신경증 같은 성격의 차원을 예측할 수 있다. 한 연구에 따르면 페이스북의 '좋아요' 10개만 분석해도 직장동료보다, 70개, 300개의 '좋아요'를 받은 친구나 룸메이트보다 컴퓨터가 대상 인물의 성격을 더 정확하게 예측할 수 있다고 한다.[14] 2018년 캠브리지 애널리티카의 데이터 유출 사건과 같이 설득력을 높이기 위해 이런 컴퓨터 분석력을 사용했던 공포스러운 사례는 잠시 제쳐 두고, 제품 상호작용 경험을 개선하는 데 쓰이는 데이터를 가지고 긍정적인 결과를 낳기 위한 수단으로 사용할 수 있다. 개인 사무실 환경에서 보조자 역할을 하는 프로젝터와 같이 주어진 시나리오의 요구 사항에 맞는 제품을 만드는 것을 숙고하고 있을 때, 사람의 선호도를 파악하면 발표를 돕기 위해 어떻게 프로젝터의 투사를 사용하는 것이 좋은지를 판단하는데 유용할 수 있다. 대화를 듣고 있다가 중요한 순간에 시각적 보조 수단을 제안하거나, 현재 발표 줄거리에 적합한 콘텐츠를 제공하는 조수로 일할 수 있다. 만약 내가 1960년대 복고풍 램프의 형태를 보고 있다면, '영화의 한 장면에서 영감을 받은 것 같네요!'와 같은 친근한 메시지를 화면에 띄울 수 있다. 심지어 내향적인 사람이 프레젠테이션을 준비할 때 더 많은 코칭이 필요하다는 것을 이해할 수 있고, 시간을 정해 놓고 녹음해 보는 비공개 리허설과 같이 발표자의 자신감을 높이는 기능을 활성화할 수도 있다.

커넥티드 제품 사용으로 인해 남겨진 디지털 발자국digital footprint을 통한 개인 정보 수집이라는 윤리적이고 법적인 문제는 난제인 것이 분명하지만, 디자이너들 사이에는 정보가 합법적으로 수집될 때, 머신러닝 알고리즘을 투입하여 유용한 제품 경험을 제공하는 역할을 할 수 있다는 기대감이 적지 않다.

극한의 학습

네스트 온도조절기는 선호도를 학습하는 인터페이스가 필요사항을 제대로 예측하고 호스트처럼 제품을 사용하는 손님에게 편안한 환경을 제공함으로써 어떻게 실내 공간을 스마트 로봇으로 바꿀 수 있는지를 보여주는 한 가지 사례이다.

일부 기술자들은 초강력 버전의 네스트로 보일 만한 아이디어를 연구하고 있으며, 일상 생활 속에서 보고, 듣고, 만나고, 느끼는 모든 정보를 기록하는 라이프로깅life logging 트렌드를 활용하여 다양한 맥락에서 광범위한 애플리케이션을 제공하고 삶의 모든 측면에서 개인 데이터를 수집하고 있다. IoT 혹은 사물인터넷 Internet of Things의 일부로 여겨지는 최초의 성공적인 제품은 사람들에게 자신의 패턴과 행동에 대한 새로운 지식을 제공하는 장치였다. 그런 제품들은 주로 건강을 유지하고, 긍정적인 변화를 일으키거나 단순히 측정하고 싶은 호기심을 충족시켜 주는 역할을 했다. 사람들은 갑자기 그들의 걸음, 심박수와 체중을 추적하기 시작했을 뿐만 아니라, 데이터 마니아들의 하위문화가 등장하였고, 이를 자가 건강 측정quantified self으로 부르게 되었다.[15]

사례 연구: 뉴욕 타임즈 랩의 리스닝 테이블

리스닝 테이블Listening Table은 2015년 뉴욕 타임스 연구실New York Times Lab이 그룹 회의에서 메모를 작성하기 위해 제공될 이상적인 AI 도우미를 겨냥해서 만들었다.[1] 그것에는 사회적 민감성을 고려하기 위한 많은 기능이 내장되어 있었다. 다중 채널 마이크를 사용해 테이블 주변에 누가 말하고 있는지 인식하고, 테이블에 앉아 있는 누군가가 그것에 손을 대면 그 행동은 오디오 파일에 북마크 혹은 타임 마커로 남고, 그러면 테이블은 회의의 가장 중요한 순간을 기록하여 수집한다. 사람들의 도청에 대한 두려움을 완화하기 위해 이 제품에는 청취 기능을 차단할 수 있는 눈에 띄는 스위치가 붙어있었고, 테이블이 청취 중일 때는 빛나는 큰 링이 사람들에게 '듣기'가 활성화되었음을 알리는 피드백을 제공하였다. 4주 후에는 녹음된 모든 내용을 자동 삭제하기 때문에 악의적인 녹취록은 남지 않는다. 회의가 끝나면 소프트웨어가 생각할 때 대화 내용과 가장 적절하다고 생각하는 주요 단어나 문구로 태그된 북마크 순간의 스크립트를 내보낸다. 하드웨어와 소프트어 기능의 우아한 조합은 제품 디자인에 대한 사회적으로 지능적인 접근 방식의 좋은 예이다.

I   John Brownlee, "The New York Times Invents a Conference Table That Takes Notes for You," *Fast Company*, April 17, 2015.

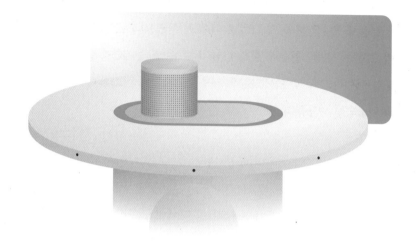

그림 8-1 뉴욕 타임즈 랩이 개발한 리스닝 테이블

그들은 소비자 제품에서 기대할 부분을 넘어서 뇌전도 활동, 인슐린 수치와 DNA 배열 같은 특성을 측정하기 위한 장치를 스스로 만들었다. 많은 제품이 처음 탄생할 때부터 참신한 가치만을 가지고 있다는 것으로 드러났지만, 이러한 초기 실험은 걸음 추적기에서 심장 모니터에 이르기까지 인간 행동을 변화시키는 제품 전체의 산업에 영감을 주었다.

라이프로깅의 기본적 성격을 극단으로 이끄는 선구적인 기술자는 컨설턴트이자, 로보사이크 팟캐스트에 게스트로 자주 출연하는 브라이언 로멀Brian Roemmele이다.[16] 그는 오디오, 비디오 및 생체인식 센서를 통해 사람들의 일상을 포착할 수 있는 제품의 프로토타입을 개발하고 있다. 그런 다음 프로토타입은 데이터를 다른 데이터 소스와 함께 사용하여 다양한 방법으로 사용자를 지원할 수 있다. 그것은 다음과 같은 기억을 소환할 수 있을 것이다. "지난주에 내 친구 버나뎃과 내가 나눈 대화를 들을 수 있을까? 그녀의 수술에 관해 물어보고 다시 말하기 전에 정보를 얻고 싶어." 또한 연구에 도움이 될 수도 있다. "2020년에 만난 모든 전자공학자를 알려주고, 그들의 링크트인에 올라온 프로필들을 스캔해서 오디오 시스템 디자인에 능숙한 사람을 찾아줘."

스포츠 코치 역할로는 "내가 지치지 않고 지구력을 기를 수 있는 자전거 타기 계획을 세울 수 있도록 도와줘."라든가, 좋은 습관을 기르려고 하면 "밤에 책을 읽을 수 있도록 TV를 끄라고 상기시켜줘." 같은 기억을 되살리기도 한다. 비전은 광범위하고 강력하며 정교하다. 그렇기 때문에 사생활 침해의 위험 역시 존재한다. 브라이언은 이러한 위험을 인식하고, 클라우드에 정보가 저장되지 않도록 함으로써 사람들을 보호하는 로컬 전용 자료수집 체계가 자신의 전략 중 하나라고 주장한다.

그것은 본질적으로 디지털 정신, 혹은 당신 머릿속에 있는 생각 그대로의 목소리와 같이 완전히 엉뚱한 생각이다. 물론 이러한 프로젝트를 계획하는 데 잠재적으로 위험한 함정이 나타날 수 있다. 그러나 머신러닝이나 신경망 같은 툴은 웨어러블 기기에 적합한 소형화된 전자 부품과 결합되어 실제적인 가능성을 만들어낸다.

공감 만들기

우리는 네스트 온도조절기나 음악 재생 목록과 같이, 인터페이스의 설정값을 정할 때 사람들의 선호도를 알아내기 위해 AI의 여러 가지 특성을 활용할 수 있다는 것을 확인했다. AI의 특성은 페이스북 활동과 같은 데이터 분석을 기반으로 개인의 프로필을 구축하여 주어진 순간에 제품의 어떤 동작이 적절할 수 있는지 추측하는 데에도 똑같이 사용할 수 있다. 이 모든 것이 디자이너에게 사회적 지능에 기반한 상호작용을 만들 수 있는 능력을 제공하지만, 정작 흥미로운 점은 제품이 사람의 실시간 감정 상태를 선제적으로 분석하고 이해하는 능력을 탑재하여 일종의 기계 주도적 모사 공감력simulated empathy을 가지게 될 가능성을 볼 때 일어난다.

감성 컴퓨팅은《Affective Computing(감성 컴퓨팅)》의 저자이자 매사추세츠 공과대학Massachusetts Institute of Technology, MIT의 연구원이며, 미디어랩 감성 컴퓨팅 그룹의 설립자인 로잘린드 피카드Rosalind Picard가 처음 개척한, 컴퓨터 사이언스의 비교적 새로운 분야이다. 얼굴 표정, 얼굴 근육과 몸짓에 대한 이미지 분석, 피부 전류 반응과 같은 생리적 반응, 체온, 혈액량 맥박과 언어 분석 같은 생리적 반응 등의 입력 값의 조합을 통해 사람의 감정을 감지하는 학문이다. 이 분야의 초창기 연구가 수십년 전에 발표되었지만, 지금은 AI 도구의 발전과 접근성으로 소비자 제품에서 감정 탐지를 사용하는 것이 새로운 현실이 되었다.

어펙티바Affectiva라는 소프트웨어 회사는 감성 컴퓨팅을 위한 의미 있는 소비자 응용 프로그램을 찾는 데 주력한다. 그 과정에서 수집된 인사이트들을 감성 지능emotional intelligence, 혹은 EQ라고 부른다. 〈The New Yorker(더 뉴요커)〉 매거진과의 인터뷰에서 어펙티바의 공동 설립자인 라나 엘 칼리우비Rana el Kaliouby는 "앞으로 10년 후에는 기기를 보고 마냥 눈살을 찌푸릴 수만 없을 때 어떤 느낌이 들었었는지 기억하지 못할 것이고, 우리의 기기는 '오, 마음에 들지 않는 모양이군요. 그렇죠?'라고 말할 것이다."[17] 회사의 시그니쳐 소프트웨어인 애프덱스Affdex는 행복, 혼란, 놀람, 역겨움과 같은 감정 상태를 추적할 수 있다.[18] 특히 자동차 업계는 개선된 안전성과 전반적으로 인간-제품 관계를 향상시키는 사회적 지능을 아우르는 감성 컴퓨팅에 커다란 기대를 걸고 있다. 운전자의 EQ를 살펴보고 심리 상태를 파악해 주의가 산만하거나, 좌절하거나, 불안해하거나, 졸린 상태인지를 판단한 후, 적절하게 운전자에게 대응할 수 있는 것이다. 또한 응답 이력을 수집하고 속도, 위치, 날씨, 운전자 움직임과 다른 차량의 행동과 같은 외부 상황과 데이터를 상호 참조하여 향후 경고 혹은 안전 운전 조언을 제공할 수도 있다.

이모션트Emotient 또는 아이리스Eyeris를 포함하여 수많은 신생 기업들이 어펙티바의 발자취를 따라갔다. 초기 응용 프로그램은 모두 시장 조사 분야에 속하는 것들이었지만, 회사의 제품은 점차 사회적 실체social entity로서의 인터페이스 모델에 해당되는 소비자 제품 쪽으로 방향을 찾아가고 있다. 그리고 그 제품은 사람에 적절하게 반응하는 제품을 만들어내는 용도뿐만 아니라 사람들이 감성적 지능을 갖도록 실제로 코치하는 툴을 만드는 데에도 사용되고 있다. 어펙티바의 툴은 자폐증을 가진 어린이와 어른들에게 힘을 실어주기 위해 증강 현실 스마트 글래스 시스템을 연구하는 브레인 파워Brain Power라는 프로젝트에 의해 개발되고 있는 제품의 일부였다. 이 툴은 다른 사람들의 감정을 감지하고 이해하도록 훈련시키고 적절하게 반응하도록 코치함으로써 사회적, 인지적 스킬을 스스로 깨우치게 한다.[19] 역설적이게도 이것은 사람들이 좀 더 인간적으로 되도록 가르치기 위해 로봇을 사용하는 예라고 볼 수 있다.

감성 컴퓨팅의 효과가 높은 만큼, 그 사용은 여전히 제품 사용 중 당면하는 상황을 이해하고 그에 맞춰 제품을 설계하는 디자이너에게 달려 있다.

하이브리드 정보 소스: Lo-Fi-Hi-Fi

AI가 날로 정교해짐에 따라 집중적인 데이터 로깅, 소프트웨어 학습과 감정적으로 지능적인 공감 표현으로써 제품이 소셜 인텔리전스를 가지게 할 기회가 분명히 더 많아질 것이지만, 그렇게 하는 것은 여전히 컴퓨팅 성능, 데이터 저장 능력, 프라이버시와 함께 비용이 드는 도전 과제이다. 궁극적으로, 세련된 소셜 디자인은 효율성, 간단한 센싱 방법, 집중 연산 능력을 영리하게 조합하여 사용함에 따라 가능해질 것이다.

훌륭한 디자인은 현재 시스템을 가장 단순하면서도 탄탄한 것으로 정제시키는 데에서 비롯된다. 이런 세련된 소셜 디자인의 훌륭한 한 예는 1990년 마이크로소프트의 연구원 빌 벅스턴Bill Buxton과 그의 학생 안드리아 리건추크가 해킹당한 컴퓨터 마우스 하나를 여러 사무실에서 문 동작에 연결한, 도어 마우스라고 불리는 실험이다.[20] 문 하나가 열릴 때마다 마우스는 클릭되었고, 그 원자료raw data가 발생되고 나면 특정 장소에 사람이 있는지 없는지에 대한 정보로 즉시 변환되었다. 문이 얼마나 열려 있는지 측정하기 위해 한 걸음 더 나아가면, (소셜 인터랙션에의 개방 정도를 문이 열려 있는 정도로 맵핑으로써) 사무실에 있던 사람들의 심리 상태에 대한 정보로 해석될 수 있었다. 그것은 마치 공공 사무실에서 헤드폰을 착용하는 것이 방해받고 싶지 않다는 것을 나타내는 것과 비슷하다.

앞서 언급한 위딩스 체중계는 체중 측정값을 기록하고 타임라인에 표시하여, 사람들로 하여금 휴가나 휴일과 같은 일정 이벤트를 체중에 미치는 영향과 연관시킬 수 있게 한다. 또한 인터페이스상에서 다른 소스의 데이터를 혼합할 수 있으므로 운동 모니터링 장치의 활동을 체중 데이터와 나란히 배치하여 사람들이 둘 사이의 상관관계를 더 잘 이해할 수 있게 한다.

위딩스 체중계는 맥락에 적합한 수준의 세부정보를 제공하여 사용하는 사람과 매우 성공적인 사회적 상호작용을 한다. 체중계에 서 있는 동안, 사람은 기존의 욕실 체중계에 있는 것처럼 현재 체중을 본다. 스마트폰이나 태블릿과 같은 커넥티드 화면 기반 장치에서는 시간 경과에 따른 변화 그래프를 보여주는 등 더 자세한 보기가 제공된다. 사회적으로 민감한 뉘앙스 중 하나로는, 체중계가 체중 데이터를 사용해서 체중계 위에 누가 있는지를 판단하기 때문에, 만약 내 몸무게가 63kg 정도이고 우리 집에 있는 다른 사람이 54kg 정도라면 체중계는 자동으로 비슷한 몸무게의 사람에게 할당되고 그에 따라 레이블링을 한다는 사실이다. 사람이 화면에 의존하거나 몸을 구부려 식구 중에 누가 그것을 사용하고 있는지 제품에 알리는 것 대신, 자동으로 전환되고 디스플레이에 사용자를 표시해 준다.

효율성이라는 선물

절친한 친구가 33년 동안의 아내와의 힘들었던 관계 끝에, 결혼 상담을 통해 얻은 가장 중요한 것은 "효율성"의 가치였다고 했다. 두 사람 사이의 의사소통은 굉장히 힘들었고, 두 사람의 요구 사항을 명확하게 설명하기 복잡했다고 그는 설명했다. 각자의 영역은 감정적으로 기만스러웠고, 실제로 일어나고 있는 일의 본질을 중심으로 겉돌게만 하고 싶은 유혹이 생겼다. 결국 두 사람의 관계에서 서로를 위해 할 수 있는 가장 관대한 일은 명확하고, 친절하며, 정제된 진술로 방향을 바꾸어, 요구 사항을 신속하고 정확하게 표현해서 이슈를 확실히 짚어내고, 최종적으로 유대감을 강화하는 것이다.

제품 제작자가 제품의 사회적 측면을 빚어낼 때, 효율성은 인간과 제품 간의 원활한 관계를 성공으로 이끌고, 그 과정에서 나타날 수 있는 기술적인 혼란을 방지하기 위한 가장 좋은 지침이고 원칙이다. 경우에 따라, 그런 사회적 측면은 대화형이고, 딥러닝deep-learning을 수행하며, AI 주도적이고, 사회적으로 인식되는 접점의 본격적인 클라우드 기반 에코시스템cloud-based ecosystem을 요구하기도 한다. 여기서 접점은 상호작용의 다양한 측면에 대응하기 위해 반짝이고, 노래하고, 말하고, 움직이고, 진동하는 병원 로봇 목시나 엘리큐 도우미 로봇 같은 것을 말한다. 또 다른 경우에는, 테이블 표면을 살짝 가리는 물리적인 행위와 같이 단순한 제스처나 손수건을 휴대전화기 위에 덮어서 저녁 식사 자리에 함께 하는 사람에게 "나는 여기에 너를 위해 있다."라는 조용한 메시지를 보내는 것이 필요하기도 하다.

에어팟 프로 헤드폰에서 소리를 내거나 소리내기를 취소하기 위해서 "투명 모드"를 켜고 끌 때 울리는 짧고 뚜렷한 톤 소리와 같이 축약된 제스처처럼 느끼는 것에서 이러한 관계의 효율성이 얻어지는 것이다. 그러나 이렇게 단순해 보이는 순간조차도 신중한 디자인 작업의 결과이다. 물론 그 디자인 과정은 AI와 격렬한 데이터 처리 도구를 선택하고 적용하여, 인간과 제품 사이의 당면한 상황의 사회적 요구를 충족시키는 작업을 포함한다.

지능형 소셜 디자인 체크리스트

- AI가 모든 것에 대한 솔루션이라는 과장된 광고에 얽매이지 말라. AI의 모든 측면은 소프트웨어 툴이라는 수단의 역할을 할 뿐이다. 의미 있는 솔루션을 만들기 위해서는 인간이 만든 사려 깊은 디자인이 필요하다.

- AI 툴은 제품을 사용하는 사람들의 필요와 욕구를 들여다보는 창을 제품 제작자에게 제공한다는 장점을 가진다.

- AI에 대해 논의할 때, 대화형 에이전트, 머신러닝, 딥러닝과 AGI를 구분해야 한다.

- 인공 일반 지능은 할리우드의 로봇 어시스턴트에 대한 꿈을 실현하려는 우리의 집단적 욕망의 일부이지만 실현 가능성은 높지 않으며 궁극적으로 디자인 목표가 되어서는 안 된다는 사실을 인지해야 한다.

- 사회적 지능에 대한 현실적인 기대치를 설정하는 디자인 전략을 수립하자.

- 제품은 감성 컴퓨팅 기술을 활용하여 사람들의 감정 상태를 실시간으로 이해하고 대응할 수 있다.

- AI의 발전에 대한 최신 지식을 지속적으로 습득하고 있으면 제품 관리자가 크리에이티브 팀과 기술 팀 사이에 개념적 가교가 될 수 있다.

- 가능하면 단순미가 있고 안정적인 lo-fi 솔루션을 사용하라. AI는 대량 데이터 수집, 데이터 저장과 컴퓨팅 성능을 필요로 하며 개인정보에 대한 통제력 상실의 위험 등, 과도할 수 있다는 점에 주의하라.

조나단 포스터와의 인터뷰 - 코타나 만들기

조나단 포스터Jonathan Foster는 인터뷰 당시 마이크로소프트의 가상 어시스턴트인 코타나Cortana의 콘텐츠 경험 관리팀장이었다.[1]

코타나의 성격이 어떻게 발전했는지 궁금합니다.

우리는 '개인 비서'라는 모델을 기반으로 많은 결정을 내렸습니다. 우리는 그 관계의 내부 업무를 알아내기 위해 많은 개인 비서들을 인터뷰했고, "전문적인 비서란 어떤 사람인가?"라고 자문했습니다. 초기에 코타나는 그들의 모든 비밀과 그들이 보좌하고 있는 사람에 대해 알아야 할 모든 사항을 적어 놓는 공책을 사용하는 실제 사람 비서를 기반으로 만들어졌지만, 여전히 작은 면적을 차지하는 '메모장'에 불과했습니다.

그러다가 이런 생각을 했습니다. '그녀(코타나)는 사람들에게 도움이 되어야 하고, 친절해야 하고, 마음씨까지 고와야 한다.' 그녀가 무례하거나 비판적으로 되는 것을 원하지 않았습니다. 그리고 심지어 우리는 그녀가 감수성이 필요할 때는 예민해야 한다고 하는 정도까지 갔습니다. 그것은 정말이지 딱 좋은 구식 캐릭터 개발 방법이었습니다.

---

[1] Jonathan Foster, interview by Carla Diana and Wendy Ju, audio recording, New York, NY, December 13, 2017.

그림 8-2 마이크로소프트의 개인 비서, 코타나

하지만 흥미로운 것은 그녀가 어떻게 진화했는가 하는 것입니다. 그녀는 지금도 계속 진화하고 있는데, 단지 그녀가 누구인가라는 관점에서가 아니라 어떻게 반응할지에 관한 관점에서 말하는 겁니다. 특히, 우리가 신속하게 관여해야만 했던 것은 사람들이 익명으로 행동할 때 보이는 추악한 측면 같은 민감한 주제에 대한 코타나의 반응이었습니다.

탐색하고 계시는 '민감한 주제'들의 예시가 궁금합니다.

누군가가 "사랑해"라고 말할 때처럼, 대답하기 상당히 복잡한 질문이네요. 그렇게 말한 사람이 장난으로 그러는지, 정말로 외로운지 우리는 모릅니다. 우리는 누군가를 소외시키거나 무감각해지고 싶지 않기 때문에 이 모든 경우를 고려해야 합니다. 그리고 우리는 사람들이 코타나와 대화한 후에 기분 좋게 떠나기를 원한다는 걸 깨닫고 우리만의 지표를 만들게 되었습니다. '코타나는 항상 긍정적이어야 한다'라는 것이었죠.

또 하나 꽤 흥미로운 다른 것은 학대적인 행동에 대처해야 한다는 것이었죠… 사람들은 그저 해야 한다, 하지 말아야 한다를 말로만 떠듭니다. 진짜로 화를 내고 증오로 가득 찬 것이 어린아이들인지 어른인지 우리는 알 수가 없습니다. 그래서 처음에 저는 "학대적인 행동을 면전에서 다시 체험시키자."라는 반응을 보였으나, 멋진 사람들이 많아서인지 그들은 "글쎄요, 우리는 맥락을 잘 모르기도 하고, 사람들을 판정하는 게임에 참여하고 싶지 않아요. 비록 그들이 학대적이고 증오스럽더라도요."라고 말하더군요. 그래서 우리는 몇 가지 기발한 대응책을 생각해내기 시작했습니다… 그때 또 다른 멋진 사람이 말했습니다. "나는 우리가 영리해야 한다고 생각하지 않습니다. 우리는 사람들이 "이봐, 내가 코타나에게 시비를 걸면 뭐라고 하는지 보자."라고 말하는 상황을 아예 생각하고 싶지 않기 때문에 이 문제를 가운데 놓고 게임을 만들어서는 안 됩니다." 그래서 우리는 그저 확고할 뿐입니다. 그들이 말한 것을 우리가 이해했음을 그들에게 알리기를 원하지만, 그 말에 대한 대응은 존재하지 않습니다.

코타나는 단순히 "계속 진행합니다."라고 말합니다. 만약 당신이 "이것도 못 알아듣다니. 멍청한 자식!"이라는 식의 무례한 말을 한다면, 코타나는 "아니오."라고 대답할 것입니다. 너무나도 간단하죠. 그녀는 그냥 싫은 것이고, 그 말을 당신이 원하는 대로 해석할 수 있겠지만, 그냥 그렇게 단호하게만 들립니다. 그것은 판단에 의한 것이 아닌 단순한 거절일 뿐입니다.

제품 하나에 얼마나 많은 노력이 들어가는지 듣는 게 흥미롭습니다. 또 실제 솔루션은 매우 간단하네요.

때때로 그런 간단한 문제가 많은 토론이 있었기 때문에 의외로 가장 파악하기 어렵기도 합니다. 우리는 주어진 응답에 있을 수 있는 함정을 매우 빠르게 알아내는 데 익숙해졌습니다. 그래서 다행히도 수년 동안 빈번했던 실수와 당황스러운 일을 많이 줄였습니다. 이건 우리가 직접 저작하는hand authoring 시스템을 가지고 있기 때문입니다. 그것은 또한 매우 통제된 환경과 경험입니다. "나는 게이입니다." "나는 동성애자입니다." 또는 "나는 레즈비언입니다."라는 말에 어떻게 대답해야 할지 고민하고 있을 때, 처음에는 좀 막막했습니다만, 곧 확신이 생기는 답을 찾았습니다. "멋지네요. 나는 AI입니다"라는 단순하고 평범한 대답이죠.

코타나가 인간과 같은 역할을 하는 것을 원하시는 건가요?

다시 말하지만, 이것은 흥미로운 딜레마입니다. 우리는 인간이 되려고 하는 것이 아니라 인간답게 되려고 노력하는 것입니다. 애초에 우리가 왜 성격을 제일 먼저 고민하는지에 대해 의문을 제기해 봅니다. 왜 그냥 사실이나 그런 것만 말할 수 없었을까요?

저는 이것을 두 가지 방식으로 설명합니다. 하나는 사용자가 상호작용할 때 인간적이고 감정적 사건이 일어난다는 스탠퍼드대학교의 고故 클리프 나스Cliff Nass 교수님 생각에서 나온 것인데, 우리는 사람들이 정서적으로 살아가고 잠재적으로 취약하다는 사실에 대해 책임감을 가져야 한다는 것입니다. 저도 이 부분에 대해서는 매우 동감입니다.

하지만 동시에 저는 이렇게 말합니다. "제가 아이폰을 가지고 있는 걸 아시죠? 그건 아름다운 물체입니다. 산업 디자인에 대해 이야기하는 겁니다. 아이디어 구상도 굉장히 잘 되었고요. 만약 날카로운 모서리가 있는 박스 형태였다면, 나는 아마도 별로 들고 싶지 않았을 것 같습니다. 아이폰은 형태적으로 평활화가 잘 되어 있어 거의 그 자체로 디자인 행위지원성과 같은 특성을 올려주는 듯합니다." 마찬가지로 제품의 성격을 결정하는 선택은 최종 사용자의 감정 상태를 진정으로 인식하는 것이며, 동시에 그 제품 경험에서 사람들이 더 큰 편안함을 느낄 수 있게 해주는 디자인 소셜 어포던스이기도 합니다.

지난 수십 년 동안의 컨셉트 디자인을 돌이켜보면, 기술 발전의 관점에서 과거에 단지 이상적인 꿈에 불과했던 것이 최근에는 "미래가 여기에 있다"고 자신 있게 말할 수 있게 되었다. 임베디드 전자제품embedded electronics, 클라우드 로보틱스cloud robotics, 머신 러닝machine learning, 딥 러닝deep learning은 제품 제작자로서 우리가 사용할 수 있는 팔레트palette의 일부분일 뿐이다. 진정한 도전은 이런 것을 잘 사용하는 방법을 아는 것이며, 그 기술을 우리 자신과 미래를 위해 원하는 세상으로 엮어내려면 정교하고 사회적 관점에 초점을 맞출 줄 아는 새로운 세대의 디자이너를 필요로 할 것이다.

9장

미래는 지금 여기에 있다

새로운 제품을 세상에 선보이기 위한 추진력은 디자인 프로세스와 대체로 무관하게 여겨지는 기업체에서 비롯될 수 있겠지만, 이 책에서 논의한 것처럼 상호작용의 모든 중요한 측면은 사람이 제품과 갖는 사회적 교류에 대한 기본적인 의식에서부터 시작된다. 자신이 속한 조직의 활동에 미치는 디자이너의 영향은 제한적일지라도 회사 내에서 사회적 책임 의식을 높이는 데 목소리를 낼 수 있다. 제품이 뒷받침하는 인간의 가치를 성찰하고 우리가 인간으로서 가장 사랑하는 것을 성장시키려는 진정한 열망에 기초하여 디자인 결정을 내리는 것은 제품 제작자의 몫이다. 그것은 협동적이고, 창의적이며, 사회성을 기반 위에 존재하는 생명체들이 함께하는 삶을 조금이라도 더 좋게 만들기 위해 노력하는 것을 말한다.

소셜 로봇의 시대

나는 사회적 특징을 통해 사람들의 삶을 풍요롭게 하고자 하는 기술을 이미 장착한 제품에 관한 많은 사례를 논의해왔고, 그것은 사람과 사람, 인간과 제품, 혹은 사람과 주변 환경과의 관계다.

우리는 로봇 목시를 일손이 부족해 지친 간호사를 도와주는 하나의 팀원으로 훈련시킬 수 있음을 확인했다. 목시는 간호사가 환자와 함께 보낼 의미 있는 대면 시간을 극대화하고, 의료용품 관리와 관련된 육체적 노동의 부담을 조금이나마 덜어주기 위해 고안되었다. 이미 할 일이 꽉 차 있는 간호사에게 "로봇 훈련"을 별도로 요구하는 것은 단지 일을 늘리는 것에 지나지 않기 때문에, 이때 필요한 제품은 주변 사람들을 인식함으로써, 새로운 작업을 스스로 알아채고 최소한의 감독만으로 그 작업을 수행하는 사회적 지능을 가진 로봇이다. 병원 복도에서 만날 수 있는 팀 구성원으로서 로봇의 물리적 실재감은, 존재하지 않았다면 없었을 수준의 정서적 지원을 제공하여 의료 종사자에게 그것이 물리적 작업을 덜어주는 도움이라는 것을 알게 한다.

지저귀고 노래하며 작업이 끝났을 때나 도움이 필요할 때 알려주는 니토 진공청소기에서, 우리는 사회적으로 지능적인 줄임말로 사람들과 소통하는 표현력이 풍부하고 직관적인 핸즈프리hands-free 제품의 장점을 고려하였다. 해머헤드 Hammerhead 자전거 내비게이션 보조 장치는 방수 용기에 싸여 밝게 빛나는 즉각적이고 단순하며 역동적인 방향 지도를 생성시킨다.

태블릿 PC가 도움이 되는 것은 사실이다. 그러나 태블릿 PC의 사용을 인지적으로 어렵게 여기는 노인을 돕기 위한 엘리큐와 같이, 우리는 감각과 결합된 표현이 어떻게 상호작용의 대화로 이어지는지를 고려하였다. 화면 훔치기와 버튼 누르기를 일상의 인간 상호작용으로 변환하였는데, 이러한 작업은 탐색 작업과 앱 동작을 빛, 소리, 움직임의 형태로 표현하는 제스처와 구두 대화로 대체하여 코딩과 제어판을 불필요하게 만들고 판독함으로써 가능했다. 또한 사람이 계속 사용함에 따라 점점 더 정교하고 개인화되도록 프로그래밍 된 상호작용을 통해 건강과 웰빙을 권장하는 것을 목적으로 하는 게임, 소셜 이벤트, 혹은 운동 등에 챌린지 하도록 하려면 여기저기에 넛지를 제공해야 했다.

우리는 또한 정확히 필요한 시간과 장소에서 생략해도 수용할 수 있는 수준의 정보는 빼고, 우리가 원하는 정보만 제공하는 제품을 만드는 데 있어 맥락적 민감성이 중요하다는 사실을 논의했다. 영리한 코트 걸이Clever Coat Rack는 좋은 사례로서, 당신이 지나가면 활성화되어 여분의 옷이나 우산을 챙겨 나갈 수 있도록 적시에 날씨 정보를 제공한다.

한편, 우리는 커넥티드 제품의 에코시스템이 어떻게 클라우드 기반 컴퓨팅과 커뮤니티 차원의 협력을 통해 새로운 방식으로 사람들을 도울 수 있는지 살펴봤다. 이런 사례로서, 연결된 장치를 공유하여 누군가가 잃어버린 지갑이나 전화기를 찾을 수 있도록 도와주는 타일 추적 시스템이나, 키오스크와 스마트폰 앱과 같은 다양한 터치포인트를 통해 사람들이 도시에서 자전거 타는 계획을 세울 수 있도록 하는 씨티바이크 자전거 공유 서비스를 같이 살펴보았다. 씨티바이크는 심지어 사람들의 여행 습관에 편승했다. 덜 붐비는 반납장소에 자전거를 반납하는 '자원봉사자'들에게는 적절한 보상을 통해 자전거의 배분 문제를 관리한다. 이 경우, 전체 시스템의 운영 논리인 물류 알고리즘은 사람들의 집단적 사회 행동 정보를 기반으로 구현된다.

그리고 우리는 일반적으로 인공지능이라고 불리는 것의 다양한 측면이 진정한 사회적 교류 중에 발생하는 엄청난 양의 데이터를 처리하고, 사회적으로 적절하다고 느끼는 반응으로 추출하여, 음성 기반 대화에 상황 인식과 공감을 가져오는 도구로 어떻게 사용할 수 있는지 고려했다. 로봇은 훌륭한 보조자가 되기 시작했지만, 우리를 완전히 '이해'하는 것처럼 느끼게 하기 위해서는 여전히 약간의 넛지가 필요하다.

소셜 디자인이 어떻게 우리의 제품과의 관계를 강화하는지를 살펴보면, 우리가 획득한 현존하는 모든 것들이 이제 막 그 잠재력을 발휘하기 시작했음이 분명해진다. 말하고 있는 사람을 가리키고, 언제 듣고 있는지를 명확하게 표시하고, 활동 중에 메모를 하는 스마트 마이크나, 저녁 동안 줄곧 그 높이, 조명 분산과 색온도를 연출된 대로 조절하여 파티 손님을 이끄는 영리한 샹들리에처럼 신선한 안목을 통해 구상된 제품 컨셉을 기반으로 기회는 풍부하지만 확립된 패턴이나 모델이 부족한 선구적인 영역으로서 최상의 경험이 도출될 수 있을 것이다.

승리는 달콤 쌉쌀하다

미래의 약속은 대단히 크고 디자이너는 그것을 실현시킬 수 있지만, 이 모든 매력적인 잠재력의 이면에는 소셜 디자인의 힘을 활용하는데 따르는 막중한 책임이 있다. 특히 디자인 프로세스를 이끌어내는 인간 중심적인 방식은 사람의 행동에 영향을 미치는 제품을 낳을 수 있고, 사람들을 신뢰의 상태로 유혹하고, 이상적이라고 하기는 힘든 결과라 하더라도 그럭저럭 수용하게 만드는 수준의 정서적 편안함을 제공할 수 있다.

지난 수십 년 동안 컴퓨팅 장치는 응답성, 정확성과 해상도 같은 기술적 능력을 향상시키기 위한 경쟁으로 발전되었지만, 이제 탐구의 중요한 영역은 제품이 사용하는 사람을 위해 작동하도록 만드는 인지적이고 감정적 측면임이 분명하다. 다시 말해, 우리는 '무엇'이 더 이상 '어떻게'만큼 중요하지 않은 전환점에 와 있으며, 이에 따라 사회적 제품이 사람들의 삶에 미칠 수 있는 영향을 둘러싼 책임과 윤리에 대한 더 큰 질문이 대두된다.

개인용 로봇이 사회에 도입되는 초기 디자이너로서의 경력 동안 나는 내가 개발하는 것과 동종의 제품이 일상생활에 받아들여지고, 우리가 사는 방식에 긍정적인 영향을 미치는 실질적 증거를 보여주기 시작하는 것을 두려운 마음으로 바라보았다. 목시는 병원 직원과 궁극적으로 환자들에게 큰 가치를 가져다주는 것을 확인한 하나의 사례이다. 실제 병원 환경에서는 간호사의 스트레스를 적극적으로 줄이고, 배후에서 일하는 로봇이 물질적 니즈를 충족시켜 줄 수 있는 환자에게 보다 더 인간적 대면 관심을 기울일 기회를 제공하는 데 성공했다.

AI를 탑재한 물개 모양의 심리 치료 로봇 파로PARO는 나 같은 열렬한 로보틱스 애호가에게조차 처음 얼핏 보기에 터무니없이 시시한 아이디어처럼 비쳤지만, 나중에는 진정한 치료용품으로서 큰 성공을 거둔 제품으로 부각되었다. 파로는 사람의 무릎에 앉아서 부드러운 쓰다듬기와 껴안기에 반응하여 소리를 내고, 진동하고, 사람을 쳐다본다. 치매 환자들을 대상으로 한 연구에서 파로 로봇이 스트레스를 줄이고, 동기를 부여하며, 환자가 간병인과 서로 교류하는 방식을 개선하는데 이점이 있다는 것을 밝혀냈다. 지능형 소셜 디자인 기반 위에, 사람과 역동적이고 본능적인 교류를 지속하여 상호작용함으로써 로봇이 해내는 긍정적인 역할은 무궁무진하다.

이 책을 집필하면서 발생했던 코로나 팬데믹 기간 동안, 나는 소셜 로봇에 대한 관심이 폭발적으로 증가하는 것을 보았다. 지인과의 가벼운 대화 속에는 '전 직원이 로봇인 병원이 중국에서 개원' '코로나 바이러스와의 전쟁에서 만나는 인류의 새로운 동맹: 로봇' '로봇으로 비접촉식 배달 서비스를 제공하는 초밥 식당'과 같은 제목의 기사 내용이 포함되어 있다.[1]

나는 10년 이상 집중한 전문 지식을 바탕으로 경력을 쌓아온 바로 그 디자인 분야에 갑자기 나타난 명백한 비즈니스 기회에 강한 설렘을 느끼고 있었다. 결국 나는 마침내 실현되고 있는 유형의 지능형 소셜 인터랙션의 비전에 나의 에너지를 쏟았다. 그러나 동시에 역설적으로 나는 낙담했다. 나는 항상 제품 제작자가 이 책의 초반에 상호작용 모델에서 설명한 "사회적 개체로 특화된 제품" 경험을 제공하는 능력을 완전히 마스터하는 것을 보고 싶었지만, 사람들이 제품을 사람과의 접촉을 위한 대역으로 사용한다는 생각에 실망했다.

집에서 보낸 6주간의 엄격한 코로나 봉쇄 기간 동안, 나는 진정한 인간 접촉을 대신해 주는 차가운 플라스틱 대체물 같은 소셜 로봇 제품의 이미지를 미디어에서 볼 수 있었다. 〈뉴욕 타임즈〉는 2020년 5월 20일, 배달 로봇이 거리를 배회하는 황량한 도시 풍경의 디스토피아적인 이미지와 함께 '코로나 바이러스와 싸우기 위해 도시가 폐쇄됐지만 로봇은 오고 간다'라는 기사를 보도했다.[2]

위대한 경험의 기쁨에 대한 응답으로 등장하는 소셜 로봇 개발 대신, 나는 어떤 대가를 치르더라도 인간끼리의 접촉을 피하려는 충동과 극심한 두려움을 기반으로 구축된 산업을 목격했다.

자동차를 소유하는 일에 크게 신경을 쓰지 못하는 포스트밀레니얼 세대에 힘입어 대중교통이 전성기를 맞이할 태세를 취하는 지금, 반대로 우리는 개인용 차량의 대규모 퇴각을 목격하고 있다. 나는 대중교통을 '관용의 용광로'로 여기는 부모님과 함께 지하철을 타고 자란 토박이 뉴요커로서, 오차드 해변으로 향하는 흥분한 수많은 해변객이 무더기로 버스에 탑승하고, 웨스트사이드 고속도로에서 하는 불꽃놀이를 보기 위해 모여들거나, 새터데이 나이트 라이브Saturday Night Live, SNL 더 데일리쇼The Daily Show의 상영을 보기 위해 줄을 서는 것처럼, 도시 생활의 평범한 순간에서 얻은 강렬한 인간미를 즐겼다.

이제 사람들이 무슨 수를 써서라도 버스와 기차를 기피하고 드라이브 바이drive-by 졸업식이나 영상으로 이루어지는 비대면 파티와 같이 새로운 고립 기반의 사회적 의식이 일반적인 표준으로 자리 잡고 있다. 활기찼던 대면 회의와 발표는 줌Zoom 화상회의와 텔레프레즌스telepresence 장치로 대체되었다. 그리고 가까운 식료품점이나 부티크를 방문하는 것과 같은 직접적 소비 경험은 가능한 모든 곳에서 아마존 딜리버리로 대체되어 가뜩이나 어려움을 겪고 있는 지역 비즈니스를 바닥으로 내몰았다.

그리고 사람들이 사생활과 데이터 권리에 대해 경계해야할 필요성을 크게 인식하게 된 바로 그 시점에, 지방 정부와 학교 그리고 공장과 같은 대규모 조직이 어떤 신상 데이터가 수집되고 있는지에 대한 투명성이 거의 없는 상태로 사람들로 하여금 추적 앱을 선택하도록 강요하는 것에 우리는 두려움을 느끼고 있다. 싱가포르의 트래이스투게터TraceTogether 소프트웨어를 기반으로 개발된 오스트레일리아의 한 앱은 블루투스 신호를 사용하여 사람들이 서로 가까이 있을 때 기록하도록 만들어졌다. 이런 앱은 비록 위치를 추적하지는 않지만, 여전히 사생활 침해의 우려를 제기한다. 중국 시스템 중 하나는 시민들의 신원, 위치와 온라인 결제 내역을 수집하여 격리 수칙quarantine rule을 위반한 사람들에게 지방 경찰 권력의 사용을 허용하기에 이르렀다.

제품 디자이너가 열쇠를 쥐고 있다

2017년 테드TED "우리가 그들을 허락한다면, 로봇이 우리의 자리를 차지할 것인가?"라는 주제의 강연에서, 나는 점점 더 논란이 되고 있는 일상적 상황의 소셜 로봇에 대한 아이디어를 점진적으로 제시해서 관객들을 불편하게 만들었다. 고성능의 소셜 세탁기의 콘셉트 이미지를 시작으로, 강아지를 산책시키는 드론으로 이야기 주제를 옮겼다가, 마지막으로 혼자 있는 나의 2살짜리 아이를 껴안을 준비가 된 로봇 유모에 관한 이야기로 마무리하였다. 청중들은 신음했고, 나의 트위터에서는 불이 붙었다. 나는 애써 우리의 진정한 목표는 로봇 지배자들이 지각력을 얻어 인간성을 추월하는 것보다, 우리가 일상생활에 도움이 되는 기술의 가치를 어디서 찾을 것인지를 의식적으로 결정하고, 그 가치를 우리가 만들고 구매하는 제품의 특성에 반영하는 것이라고 주장했다. 로봇식 목욕 수세미? 당연히 나는 찬

성이다. 강아지 산책 로봇은 "아마도…"이고, 로봇 유모는 "맙소사, 안돼!"다. 흔히 3D로 일컬어지는 "지루하고 더럽고 위험한Dull, Dirty, and Dangerous"은 로봇 도우미들의 취지에 가장 잘 맞는 생활 영역이지만, 이런 극단적 영역에 속하지 않는 노인 돌봄 로봇이나 치료용품의 태스크를 접하면 원래의 니즈가 매우 모호해진다. 심리적, 인지적 장애로 고통받는 사람들이나 아동과 같은 취약 계층이 사용할 제품을 고려할 때 윤리적 문제는 더욱 까다로워진다. 디자이너는 사회적 개체(로봇)에 의한 조작의 영향이 실재한다는 이해를 바탕으로 하여 제품이 어떻게 사용될 것인가에 대한 더 큰 질문을 고려할 필요가 있다.

예를 들어, 개인정보 보호는 소셜 프로덕트 인텔리전스 세계에서 점점 더 관심이 커지고 있는 영역이다. "모든 것을 감지하는 카메라" 기능은 이 책에서는 수많은 인간-제품 간 직관적인 교류의 핵심으로 일컬어지지만, 잠재적으로 사람들에게 엄청난 사생활 침해 가능성을 열어준다. 제품 제작자로서 우리는 비즈니스 팀과 기술 팀 그 사이에 있지만 둘 중 어느 팀에도 완전히 속하지는 않으므로, 사생활 통제가 애당초의 명분을 잃어버리는 것이라는 생각에 실망하면서 손을 떼고 싶어지는 것도 사실이다. 그러나 제품 디자이너로서 어떤 정보가 수집되고 어떻게 저장되고 있는지에 대해 더 높은 투명성을 제공하면 결과는 좋아질 것으로 생각한다. 사람들이 새로운 앱을 설치할 때 마주하게 되는 까다로운 법적 용어 대신, 카메라 데이터가 사용되는 방법과 이유를 간단하게 설명하고 개인정보 보호 의미를 명확히 나타내는 일러스트와 카메라 시청 또는 녹화 상태를 표시하는 아이콘 도상 정도로 그것을 대신할 수 있을 것이다. 또한 제품은 감시나 녹음이 진행 중임을 알려주기 위한 표시등, 은근한 톤과 표현적 동작과 같은 비언어적인 신호를 활용해 사람들에게 '로봇의 뇌'에서 무슨 일이 일어나고 있는지 알려줄 수 있다.

기회를 활용하자

이 책을 통해 소파나 스포츠용 속옷에 내장되어 있거나 자율 배송 카트 혹은 커넥티드 자전거에 탑재된 로봇과 함께하는 미래의 낙관적인 비전을 공유할 수 있어 기쁘다. 표현력 있고, 인터랙티브하고, 맥락에 적합하고, 에코시스템에 의해 보완되고, 무엇보다 우리를 진정으로 이해하는 사회적 인지도가 높은 제품을 만드는 디자이너와 제품 제작자들에게 주어진 기회는 우리가 제품에 쉽게 싫증을 느끼고 차선책을 찾게 되는 따분한 생활을 넘어 제품을 찬미하며 사는 미래에 대한 많은 약속과 기대를 담고 있다.

우리는 멀리 떨어진 곳에 있는 사람들과의 관계를 강화하고, 개인의 건강과 웰빙을 관리하고, 교육을 강화하며, 평생 학습을 지원하고, 스트레스를 주는 부담스러운 일로부터 해방시킴으로써 서로에게 더 많은 시간과 에너지를 쏟도록 하는 광범위하고도 미개척된 기술 발전의 선택지들을 가지고 있다. 로보틱스가 일상생활의 긍정적이고 풍요로운 단면을 향상시킬 수 있는 잠재력에 지속적으로 초점을 맞출 수 있다면, 디자이너로서의 우리는 전혀 새로운 제품을 세상에 소개하는 동시에 사람들과의 관계를 통해 그 혜택이 펼쳐지는 것을 경험하는 즐거움을 만끽할 수 있을 것이다.

모든 재료는 우리 앞에 있다. 그것들을 붙잡아 상상할 수 있는 최고의 미래를 위한 비전을 구축하는 일이 디자이너인 우리에게 달려있다.

감사의 말

이 책에는 제품 디자인 분야의 응용 로보틱스 경력의 절정이 담겨 있습니다. 또한 이 책은 많은 사람의 도움으로 탄생할 수 있었습니다. 특별히 인터랙션 디자인 분야의 구루 웬디 주 박사님께 감사 인사를 전합니다.

안드레아 토마스에게도 고맙다고 말하고 싶습니다. 10여 년 전 소셜 로보틱스 분야의 초기 단계였을 때, 나로 하여금 이 새로운 분야에 눈을 뜨게 해주셨죠. 비비안 추Vivian Chu, 아가타 로즈가Agata Rozga, 알프레도 세라토Alfredo Serrato, 피터 워스놉Peter Worsnop, 파이드라 하퍼Phaidra Harper 등 딜리전트 로보틱스의 풍부한 재능을 가진 연구원과 엔지니어, 소프트웨어 혁신가와 함께 팀을 이루어 협력할 수 있는 기회 역시 저에게 영광이었습니다.

인터뷰에 응해주신 모든 분—조나단 포스터, 더그 둘리, 로키 제이콥, 조슈아 월튼Joshua Walton, 단 그롤먼Dan Grollman, 도어 스컬러, 기미 추, 나노리프 직원분들—에게도 감사의 말을 전합니다.

로보싸이크 팟캐스트의 공동 진행자이자 설립자인 톰 과리엘로에게도 감사합니다. 격주로 진행되는 로보싸이크 여정에 매번 저를 초대해 주어 영광이었습니다. 이 여정을 통해 일상 속 AI와 로봇을 바라보는 우리의 관점—희망과 두려움, 그리고 엉뚱한 꿈—에 대해 이야기할 수 있었습니다.

마이크 쿠니아브스키Mike Kuniavsky와 스케칭 인 하드웨어Sketching in Hardware 커뮤니티에도 감사 인사를 전합니다. 커뮤니티를 통해 언제나 첨예한 조언을 얻을 수 있었습니다. 특히 조슈아 월튼(네, 다시 한번), 제임스 티체노르James Tichenor, 노아 피한Noah Feehan, 제이슨 크리드너Jason Kridner, 토드 커트Tod Kurt, 리아 맥키빈Leah McKibbin, 마이클 실로Michael Shiloh, 저스틴 바크Justin Bakse, 바네사 카펜터Vanessa Carpenter, 앨리샤 깁Alicia Gibb, 네이선 세이들Nathan Seidle, 맷 코탐Matt Cottam, 마크 D. 그로스Mark D. Gross, 니콜라스 마르텔라로Nikolas Martelaro, 칼린 모Carlyn Maw, 소피아 브루크너Sophia Brueckner에게 감사드립니다.

스마트 디자인에서 많은 멋진 디자인 프로젝트에 영감을 주고 지원해 준 댄 포르모사Dan Formosa, 데이빈 스토웰Davin Stowell, 테드 부스Ted Booth, 슈루티 찬드라Shruti Chandra, 제프 호프스Jeff Hoefs, 마쓰이 히데아키Hideaki Matsui, 블레이크 맥엘든디Blake McEldowney, 마크 모로Marc Morros, 마크 오렐리엔 비반트Marc-Aurélien Vivant, 앤서니 디비튼토Anthony DiBitonto에게 감사 인사를 전합니다. 그리고 투모로우랩Tomorrow Lab의 테드 올리치Ted Ullrich와 페핀 겔러디Pepin Gelardi에게도 감사합니다. 스마트 객체의 디자인과 개발에 관한 공간과 시간, 아이디어를 나누어 주어 고맙습니다.

이번 프로젝트에 함께 힘써 도전해 준 파슨스 디자인 대학의 제품 산업 디자인 프로그램, 펜실베이니아 대학교의 통합 제품 디자인 프로그램, 시각 예술 대학의 디자인 및 MFA IxD 프로그램, 조지아 공대의 산업 디자인 프로그램, 드렉셀의 제품 디자인 프로그램, Savannah College of Art and Design의 Interactive and Interaction Design 프로그램의 학부생과 졸업자들을 비롯한 모든 학생에게도 감사 인사를 전합니다. 그리고 특별히 크랜브룩 예술 아카데미의 첫 번째 수업 참여자들에게 감사드립니다. 마이클 캔디Michael Candy, 츄오 챈Zhuo Chen, 스티브 퀴퍼스 Steve Kuypers, 제리 리Jerry Li, 4D의 최초 감염자로 불리는 캐롤라인 델 주디스Caroline DelGiudice까지. 이들은 4D 디자인이라는 새로운 미지의 영역에 위험을 무릅쓰고 가입한 개척자들입니다.

같은 기관에 있는 저의 든든한 동료들, 특히 사라 로튼버그Sarah Rottenberg, 앨런 초치노프Allan Chochinov, 리즈 단지코Liz Danzico, 스티븐 헬러Steven Heller, 라마 초치Rama Chorpash, 댄 마이클릭Dan Michalik, 데이브 마린Dave Marin, 에밀리 발츠Emilie Baltz, 피터 브레슬러Peter Bressler, 데이비드 로버트슨David Robertson, 마이크 글레이저Mike Glaser, 라훌 만가람Rahul Mangharam에게도 감사드려요.

또한 크랜브룩 예술 아카데미의 지칠 줄 모르는 에너지를 소유한 팀원 수잔 유잉Susan Ewing, 크리스 스코츠Chris Scoates, 줄리안 몽고메리 Julianne Montgomery, 바네사 루체로 메이지Vanessa Lucero-Mazei, 엘리자베스 디지크Elizabeth Dizik, 줄리 프래커Julie Fracker, 마이크 파라다이스Mike Paradise, 에어르스 AiRs에게도 감사 인사를 전합니다.

내 과거 인턴들과 견습생들, 학생 협력자였던 레이티아 마빌레 에스테베즈 Laeticia Mabilais Estevez, 알렉사 포니Alexa Forney, 에릭 스테판스Erik Stefans, 앨리샤 시먼Alicia Siman, 매튜 오켈리Matthew O'Kelly, 빈센트 파첼리Vincent Pacelli, 국장Kuk Jang, 캐롤라인 브루스토비츠Caroline Brustowicz, 아이젠 차신Aisen Chacin에게도 감사 인사를 전합니다.

이 프로젝트에 아이디어와 조언을 아낌없이 해준 제 동료이자 에이전트인 린 존스턴Lynn Johnston에게 특별히 감사드립니다.

제프 키호 Jeff Kehoe, 멜린다 메리노Melinda Merino, 줄리 데볼 Julie Devoll, 알리신 잘 Alicyn Zall, 스테파니 핑크스Stephani Finks를 포함한 하버드 비즈니스 리뷰Harvard Business

Review 출판사의 모든 분에게 감사드립니다. 또한 웨스트체스터 퍼블리싱 서비스 Westchester Publishing Services의 안젤라 필로라Angela Piliouras에게도 감사의 인사를 전합니다.

표현력 있는 정밀한 비주얼 디자인과 일러스트 작업을 해주신 니콜라스 림 Nicholas Lim에게 감사드립니다.

예리한 통찰력을 보여준 다르시 스케Darcy Skye에게도 감사합니다.

버나데트, 멜리사, 패티, 몰리, 알렉산드라, 줄리, 조, 스티브, 그리고 너그러우면서도 날카로우며, 항상 나를 위해 존재하는 샐리 카플란에게도 고마움을 전합니다.

그리고 마지막으로 사랑하는 부모님께 가장 큰 감사 인사를 전하고 싶습니다.

참고문헌

1장 스마트함을 넘어서는 소셜 디자인

1. a-Young Sung et al., "My Roomba Is Rambo: Intimate Home Appliances," in Ubicomp 2007: Ubiquitous Computing, ed. John Krumm, Gregory Abowd, Aruna Seneviratne, and Thomas Strang (Berlin/Heidelberg: Springer, 2007), 145–162.

2. Amazon product reviews, October 20, 2020, https://www.amazon.com/iRobot-Roomba-Robot-Vacuum-Replenishment/dp/B07Z284C4Y.

3. Michael Argyle, Cooperation: The Basics of Sociability (London: Routledge, 1991).

4. Elizabeth Svoboda, "Faces, Faces Everywhere," New York Times, February 13, 2007.

5. Wendy Ju, The Design of Implicit Interactions (San Rafael, CA: Morgan & Claypool, 2015).

6. Pew Research Center, "Tech Adoption Climbs Among Older Adults," May 17, 2017.

7. Carla Diana, "Talking, Walking Objects," New York Times, January 27, 2013.

8. Georgia Tech Socially Intelligent Machines Lab, https://www.cc.gatech.edu/socialmachines/.

9. Benedict Carey and John Markoff, "Students, Meet Your New Teacher, Mr. Robot," New York Times, July 10, 2010.

10. Steven Heller, "Carla Diana Launches 4D Design at Cranbrook," PRINT Magazine, November 15, 2018.

11. Tom Guarriello, "RoboPsych: Exploring the Psychology of Human-Robot Interaction," October 21, 2020, https://www.robopsych.com/robopsychpodcast.

2장 소셜 디자인은 어떻게 작동하는가?

1. Donald A. Norman, The Design of Everyday Things (New York: Basic Books, 2002),

9-11.

2. Erin Bradner "Social Affordances of Computer-Mediated Communication Technology: Understanding Adoption." In CHI EA '01: CHI '01 Extended Abstracts on Human Factors in Computing Systems

3. Cynthia Breazeal et al., "Humanoid Robots as Cooperative Partners for People," International Journal of Humanoid Robots 1, no. 2 (May 2004): 315-348.

3장 제품이 가지는 실재감의 중요성

1. Intuition Robotics Team, "How the Healthcare System Can Utilize Voice Technology for Seniors," ElliQ Blog, October 21, 2020, https://blog.elliq.com/how-the-healthcare-system-can-utilize-voice-technology-for-seniors.

2. "TEI 2021, the 15th ACM International Conference on Tangible, Embedded and Embodied Interaction," October 21, 2020, https://tei.acm.org/2021/.

3. Wendy Ju, The Design of Implicit Interactions (San Rafael, CA: Morgan & Claypool, 2015), 22-30.

4. Klaus Krippendorff, The Semantic Turn: A New Foundation for Design (Boca Raton, FL: CRC/Taylor & Francis, 2006).

5. Carla Diana and Andrea Thomaz, "The Shape of Simon: Creative Design of a Humanoid Robot Shell." In CHI EA '11: CHI '11 Extended Abstracts on Human Factors in Computing Systems (New York: Association for Computing Machinery, 2011), 283-298.

6. Mihaly Csikszentmihalyi and Eugene Rochberg-Halton, The Meaning of Things: Domestic Symbols and the Self (Cambridge: Cambridge University Press, 1981).

7. Oxford Bibliographies, "Material Culture," https://www.oxfordbibliographies.com/view/document/obo-9780199766567/obo-9780199766567-0085.xml.

8. Doug Dooley, interview by Carla Diana and Wendy Ju, audio recording, New York, NY, January 23, 2018.

9. Museum of Modern Art website, "Valentine Portable Typewriter, Object Number 1116.1969," October 21, 2020, https://www.moma.org/collection/works/4576.

4장 커뮤니케이션으로 사물을 표현하라

1. Brian Hare and Michael Tomasello, "Human-like Social Skills in Dogs?" Trends in Cognitive Sciences 9, no. 9 (September 2005): 439-444.

2. Guy Hoffman and Wendy Ju, "Designing Robots with Movement in Mind," Journal of Human-Robot Interaction 3, no. 1 (February 2014): 89-122.

3. Don Norman, Turn Signals Are the Facial Expressions of Automobiles (New York: Basic Books, 1993), chapter 11.

4. Suze Kundu, "Combatting Jet Lag with All Colors of the Rainbow," Forbes, August 31, 2016.

5. Brian Q. Huppi, Christopher J. Stringer, Jory Bell, Christopher L. Capener, Assigned to Apple, Inc., "Breathing Status LED Indicator," US patent 6658577B2.

6. Tom Guarriello and Carla Diana, "Dor Skuler, CEO and Co-Founder of Intuition Robotics," The RoboPsych Podcast, Episode 93, June 14, 2020.

7. Andrea Thomaz, "The Next Frontier in Robotics: Social, Collaborative Robots," TEDxPeachtree Conference, Atlanta, GA, November 2015, https://www.youtube.com/watch?v=O1ZhWv84eWE.

8. H. Clark Barrett, "Adaptations to Predators and Prey," in The Handbook of Evolutionary Psychology, ed. David M. Buss (Hoboken, NJ: John Wiley & Sons, 2015), 200-223.

9. Joel Beckerman, The Sonic Boom: How Sound Transforms the Way We Think, Feel, and Buy (Boston: Mariner Books, 2015).

10. Adelbert W. Bronkhorst, "The Cocktail Party Phenomenon: A Review on Speech Intelligibility in Multiple-Talker Conditions," Acta Acustica United with Acustica 86, no. 1 (April 2000): 117-128.

11. Linda Bell, "Monitor Alarm Fatigue," American Journal of Critical Care 19, no. 1 (January 2010): 38.

12. Guarriello and Diana, "Dor Skuler, CEO and Co-Founder of Intuition Robotics."

13. Doug Dooley, interview by Carla Diana and Wendy Ju, audio recording, New York, NY, January 23, 2018.

5장 제품과 사람 사이의 인터랙션

1. Andrea Thomaz et al., "Interactive Robot Task Learning." In CHI EA '10: CHI '10 Extended Abstracts on Human Factors in Computing Systems (New York: Association for Computing Machinery, 2010), 3037-3040.

2. Frank O. Flemisch et al., "The H-Metaphor as a Guideline for Vehicle Automation and Interaction," NASA Scientific and Technical Information Program, Technical Memorandum no. 2003-212672, December 2003.

3. Bill Verplank, "Interaction Design Sketchbook" (notes for short course at Copenhagen Institute for Interaction Design, March 9, 2009).

4. Amazon Echo Teardown, iFixit website, October 20, 2020, https://www.ifixit.com/

Teardown/Amazon+Echo+Teardown /33953.

5. Ming-Zher Poh, Daniel J. McDuff, and Rosalind W. Picard, "Non-contact, Automated Cardiac Pulse Measurements Using Video Imaging and Blind Source Separation," Optics Express 18, no. 10 (2010): 10762-10774.

6. Neal Wadhwa et al., "Eulerian Video Magnification and Analysis," Communications Magazine of the ACM 60, no. 1 (January 2017).

7. Timi Oyedeji, as featured in Space 10 Research Lab's Everyday Experiments website, October 20, 2020, https://space10.com/project/everyday-experiments/.

8. Amazon GO website, October 20, 2020, https://www.amazon.com/b?node=20931388011.

9. John Brownlee, "What Is Zero UI? (And Why Is It Crucial to the Future of Design?)," Fast Company, July 2, 2015.

10. Wendy Ju, The Design of Implicit Interactions (San Rafael, CA: Morgan & Claypool, 2015).

11. Bill Buxton, Sketching User Experiences: Getting the Design Right and the Right Design (Burlington, MA: Morgan Kaufman, 2007).

12. Carla Diana and Agnete Enga, "Finding Love in Everyday Objects" (paper and workshop presented at the Design and Emotion Conference, Chicago, IL, October 4, 2010).

13. Ingrid Petterson and Wendy Ju, "Design Techniques for Exploring Automotive Interaction in the Drive towards Automation" (paper for ACM Conference on Designing Interactive Systems, Edinburgh, UK, June 2017), 147-160.

14. Ibid.

15. Ibid.

16. David Sirkin et al., "Mechanical Ottoman: How Robotic Furniture Offers and Withdraws Support" (paper for the ACM Human Robot Interaction Conference, Portland, OR, March 2015), 11-18.

6장 맥락을 디자인하라

1. Huang Qiang, "A Study on the Metaphor of 'Red' in Chinese Culture," American Journal of Contemporary Research 1, no. 3 (November 201): 99-102.

2. Citi Bike, product info and description, https://www.citibikenyc.com/how-it-works / meet-the-bike.

3. Harvard Health Publishing, "Blue Light Has a Dark Side," Harvard Health Letter, May 2012; updated July 7, 2020, https://www.health.harvard.edu/staying-healthy/blue-

light-has-a-dark-side.

4.   Jesus Diaz, "One of the Decade's Most Hyped Robots Sends Its Farewell Message," Fast Company, March 6, 2019.

5.   Bill Buxton, Sketching User Experiences: Getting the Design Right and the Right Design (Burlington, MA: Morgan Kaufman, 2007).

7장 모든 것을 하나로 연결하는 에코시스템 디자인

1.   Michelle Castille, "This Computer Music PhD Wants to Connect the World through Mobile Karaoke," CNBC .com, April 2, 2018.

2.   Tom Guarriello and Carla Diana, "Dor Skuler, CEO and Co-Founder of Intuition Robotics," Episode 93, The RoboPsych Podcast, June 14, 2020.

3.   Alex Hern, "Fitness Tracking App Strava Gives away Location of Secret US Army Bases," The Guardian, January 28, 2018.

4.   Smart Citizen kit, product and services, https://smartcitizen.me.

5.   David Grossman, "The DIY Geiger Counter that United Scientists after Fukushima," Popular Mechanics, March 12, 2018.

8장 AI를 비롯한 다양한 수준의 지능

1.   Kevin Kelly, The Inevitable: Understanding the 12 Technological Forces That Will Shape Our Future (London: Penguin Books, 2017).

2.   Michael Copeland, "What's the Difference between Artificial Intelligence, Machine Learning and Deep Learning?" NVDIA Blog, July 29, 2016.

3.   Emerging Technology from the arXiv, "Deep Learning Machine Teaches Itself Chess in 72 Hours, Plays at International Master Level," MIT Technology Review, September 14, 2015.

4.   John Markoff, Machines of Loving Grace: The Quest for Common Ground between Humans and Robots (New York: Ecco, 2016)

5.   Carla Diana, "Don't Blame the Robots; Blame Us," Popular Science, December 2016.

6.   Gary Marcus, Rebooting AI: Building Artificial Intelligence We Can Trust (New York: Vintage, 2019).

7.   Kate Baggaley, "There Are Two Kinds of AI, and the Difference Is Important," Popular Science, February 23, 2017.

8.   Chris Welch, "Google Just Gave a Stunning Demo of Assistant Making an Actual Phone Call," The Verge, May 8, 2018.

9. Marcus, Rebooting AI.

10. Ibid.

11. Susan Ratcliffe, ed., Oxford Essential Quotations (Oxford: Oxford University Press, 2016).

12. Carla Diana and Andrea Thomaz, "The Shape of Simon: CreativeDesign of a Humanoid Robot Shell." In CHI EA '11: CHI '11 Extended Abstracts on Human Factors in Computing Systems (New York: Association for Computing Machinery, 2011), 283-298.

13. Tom Guarriello and Carla Diana, "Dor Skuler, CEO and Co-Founder of Intuition Robotics," Episode 93, The RoboPsych Podcast, June 14, 2020. Podcast interview and follow-up email exchange with the author.

14. Michal Kosinski, David Stillwell, and Thore Graepel, "Private Traits and Attributes Are Predictable from Digital Records of Human Behavior," Proceedings of the National Academy of Sciences of the United States of America 110, no. 15 (April 9, 2013): 5802-5805.

15. Quantified Self website, October 20, 2020, https://quantifiedself.com.

16. Tom Guarriello and Carla Diana, "Brian Roemmele: The Last Interface," Episode 77, The RoboPsych Podcast, March 1, 2019.

17. Raffi Khatchadourian, "We Know How You Feel: Computers Are Learning to Read Emotion, and the Business World Can't Wait," New Yorker, January 19, 2015.

18. Affectiva website, October 20, 2020, https://www.affectiva.com.

19. Ibid.

20. Information Technology Research Centre, Telecommunication Research Institute of Ontario, "Ontario Telepresence Project: Final Report," March 1, 1995, chapter 2, 14-15, https://www.dgp.toronto.edu/tp/techdocs/Final_Report.pdf.

9장 미래는 지금 여기에 있다

1. Sarah O'Meara, "Coronavirus: Hospital Ward Staffed Entirely by Robots Opens in China," New Scientist, March 9, 2020; Amina Khan, "Meet Humanity's New Ally in the Coronavirus Fight: Robots," Los Angeles Times, April 11, 2020; Rachel Vigoda, "This Sushi Restaurant Takes Contactless Delivery to a New Level by Using a Robot," Philadelphia Eater, May 4, 2020.

2. Cade Metz and Erin Griffith, "A City Locks Down to Fight Coronavirus, but Robots Come and Go," New York Times, May 20, 2020.

소셜 로봇 디자인 이야기

로봇 UX

발행일 2023년 8월 31일
발행처 유엑스리뷰
발행인 현호영
지은이 칼라 다이애나
옮긴이 이재환
편　집 안성은
디자인 바이텍스트, 강지연
주　소 서울특별시 마포구 백범로 35, 서강대학교 곤자가홀 1층
팩　스 070.8224.4322
이메일 uxreviewkorea@gmail.com

ISBN　979-11-92143-85-9 (93550)

My Robot Gets Me:
How Social Design Can Make New Products More Human

좋은 아이디어와 제안이 있으시면 출판을 통해 가치를 나누시길 바랍니다.
투고 및 제안 : uxreview@doowonart.com